颜氏家训　朱子家训

YANSHI JIAXUN　ZHUZI JIAXUN

〔南北朝〕颜之推　〔清〕朱用纯 ◎ 著

光明日报出版社

图书在版编目（CIP）数据

颜氏家训·朱子家训／（南北朝）颜之推，（清）朱用纯著 . —— 北京：光明日报出版社，2014.6（2024.3 重印）
（光明岛）
ISBN 978-7-5112-6331-5

Ⅰ.①颜… Ⅱ.①颜… ②朱… Ⅲ.①家庭道德—中国—南北朝时代—青少年读物②古汉语—启蒙读物 Ⅳ.
① B823.1 ② H194.1

中国版本图书馆 CIP 数据核字（2014）第 069479 号

颜氏家训·朱子家训
YANSHI JIAXUN　ZHUZI JIAXUN

著　　者：	〔南北朝〕颜之推　〔清〕朱用纯		
责任编辑：李月娥		责任校对：王腾达	
封面设计：博文斯创		责任印制：曹　净	

出版发行：光明日报出版社
地　　址：北京市西城区永安路 106 号，100050
电　　话：010-67022197（咨询），67078870（发行），67019571（邮购）
传　　真：010-67078227，67078255
网　　址：http://book.gmw.cn
E - mail：lijuan@gmw.cn
法律顾问：北京德恒律师事务所龚柳方律师

印　　刷：北京一鑫印务有限责任公司
装　　订：北京一鑫印务有限责任公司
本书如有破损、缺页、装订错误，请与本社联系调换，电话：010-67019571

开　　本：150mm×220mm　　　　　印　张：12
字　　数：150 千字
版　　次：2014 年 6 月第 1 版
印　　次：2024 年 3 月第 4 次印刷
书　　号：ISBN 978-7-5112-6331-5

定　　价：29.80 元

版权所有　翻印必究

目 录

颜氏家训 …………………………………… 1

序致第一 …………………………………… 3

教子第二 …………………………………… 7

兄弟第三 …………………………………… 15

后娶第四 …………………………………… 22

治家第五 …………………………………… 27

风操第六 …………………………………… 35

慕贤第七 …………………………………… 42

勉学第八 …………………………………… 50

文章第九 …………………………………… 90

名实第十 …………………………………… 108

涉务第十一 ………………………………… 117

省事第十二 ………………………………… 120

止足第十三 ………………………………… 123

诫兵第十四 ………………………………… 127

养生第十五 ………………………………… 132

朱子家训 …………………………………… 135

附:家书尺牍中的教诲家训·················· 167

诸葛亮:诫子书·························· 167

诸葛亮:诫外生书·························· 169

陶渊明:与子俨等疏························ 171

元稹:诲侄等书···························· 178

纪昀:寄内子(论教子) ···················· 187

颜氏家训

〔南北朝〕 颜之推 著

序致第一

夫圣贤之书,教人诚孝①,慎言检迹②,立身扬名,亦已备矣。魏、晋已来,所著诸子③,理重事复,递相模效④,犹屋下架屋,床上施床耳。吾今所以复为此者,非敢轨物⑤范世也,业以整齐门内,提撕⑥子孙。夫同言而信,信其所亲;同命而行,行其所服。禁童子之暴谑,则师友之诫,不如傅婢⑦之指挥;止凡人之斗阅⑧,则尧舜之道,不如寡妻⑨之诲谕。吾望此书为汝曹之所信,犹贤于傅婢寡妻耳。

【注释】

①诚孝:即忠孝。

②检迹:检点行为。

③诸子:本指先秦诸子。这里指魏晋以来的人阐述儒家学说的著述。

④模效:模拟、仿效。

⑤轨物:作为事物的规范。

⑥提撕:扯拉、提引。

⑦傅婢:即侍婢。

⑧斗阅:指家庭内兄弟之间的争执。

⑨寡妻：嫡妻，正妻。

【译文】

古代圣贤们的著作，教诲人们要忠诚孝顺，说话谨慎，行为庄重，立身扬名，这些道理已经说得很完备了。魏晋以来，阐述古代圣贤思想的书，道理重复，内容雷同，相互模仿，就好比屋里再建屋子、床上再放床一样多余。现在我又来写这一类书，不敢以它做世人行为的规范，只是为了整顿自家门风、警醒后辈儿孙罢了。同样一句话，有的人会信服，因为说话者是他们所亲近的人；同样一个吩咐，有的人会照办，因为吩咐者是他们所敬服的人。要禁止孩子的过分淘气，师友的劝诫，还不如侍婢的命令；要制止兄弟间的内讧，尧、舜的教导，还不如他们自家妻子的规劝诱导。我希望这本书能被你们信服，希望它能胜过侍婢对孩童、妻子对丈夫所起的作用。

吾家风教，素为整密。昔在龆龀①，便蒙诱诲；每从两兄，晓夕温清②，规行矩步③，安辞定色，锵锵翼翼④，若朝严君焉。赐以优言，问所好尚，励短引长，莫不恳笃。年始九岁，便丁荼蓼⑤，家涂⑥离散，百口索然⑦。慈兄鞠养，苦辛备至；有仁无威，导示不切。虽读《礼传》，微爱属文⑧，颇为凡人之所陶染，肆欲轻言，不修边幅。年十八九，少知砥砺⑨，习若自然，卒难洗荡，二十已后，大过稀焉；每常心共口敌，性与情竞，夜觉晓非，今悔昨失,自怜无教,以至于斯。追思平昔之指⑩,铭肌镂骨⑪,非徒古书之诫,经目过耳也。故留此二十篇,以为汝曹后车⑫耳。

【注释】

①龆龀:儿童换齿之时,指童年时代。

②温凊:即冬温夏凊。温,温被使暖。凊,扇席使凉。这是古代子女奉养父母之道。

③规行矩步:比喻行为合乎法度。

④锵锵翼翼:行走时恭敬有礼。

⑤丁:遭逢。古时称遭逢父母死丧为丁忧。荼蓼:比喻处境艰苦。

⑥家涂:家道。

⑦百口:全家。索然:离散零落的样子。

⑧属文:写文章。

⑨少:稍微。砥砺:磨炼。

⑩指:同"旨",意旨,意向。

⑪铭肌镂骨:形容感受深刻,永远不忘。

⑫后车:后继之车,引申为借鉴。

【译文】

我家的门风家教,一向是严整缜密的。很小的时候,我就接受了这方面的指导教诲;时常跟着两位兄长,早晚侍奉双亲,做事规规矩矩,神色安详,言语平和,走路小心恭敬，就同在给父母大人请安时一样。长辈经常勉励我，关心我的喜好，鼓励我扬长避短，态度十分恳切深厚。我刚满九岁时，父亲便去世了，家道中衰，人口凋敝。慈爱的兄长抚养我长大，历尽千辛万苦；兄长仁慈却无威严，对我的监督教导不够严厉。我虽然读了《礼传》，也喜欢写点文章，但因为与世俗平庸之人交往而受到熏染，所以放纵私欲，信口开河，不修边幅。到了十八九岁时，我才渐渐懂得要磨炼品性，但习惯成自然，最终还是难以彻底改掉不良习惯。二十岁以后，大的过失很少犯了，常常是在信口开河时，心里就警觉起来而加以制止，理智与感情往往处于矛盾状态，夜晚觉察到白天的错误，今日追悔昨日的过失，自己经常叹息小时候没有得到好的教育，以致落到今天这个地步。追想平素所立的志向，真是刻骨铭心，绝不仅仅是把古书上的告诫读读看看就能体会到的。所以，我留下这二十篇《家训》，以此作为你们的后车之鉴。

教子第二

上智不教而成，下愚虽教无益，中庸之人①，不教不知也。古者，圣王有胎教之法：怀子三月，出居别宫，目不邪视，耳不妄听，音声滋味，以礼节之。书之玉版，藏诸金匮②。生子咳提③，师保④固明孝仁礼义，导习之矣。凡庶⑤纵不能尔，当及婴稚，识人颜色，知人喜怒，便加教诲，使为则为，使止则止。比及数岁，可省笞罚。父母威严而有慈，则子女畏慎而生孝矣。吾见世间，无教而有爱，每不能然；饮食运为⑥，恣其所欲，宜诫翻奖，应诃反笑，至有识知，谓法当尔。骄慢已习，方复制之，捶挞至死而无威，忿怒日隆而增怨，逮于成长，终为败德。孔子云"少成若天性⑦，习惯如自然"是也。俗谚曰："教妇初来，教儿婴孩。"诚哉斯语！

【注释】

①中庸之人：智力中等的人。
②金匮：即铜质的柜子，用以收藏文献或文物。
③咳提：指小儿啼哭、笑闹。
④师保：古代担任教导皇室贵族子弟的官员，有师有保，统称师保。

⑤凡庶：普通人，平民百姓。

⑥运为：行为。

⑦天性：与生俱来的本性。

【译文】

　　智力超群的人，不用教育就能成才；智力低下的人，虽然教育也没有用处；智力中等的人，不教育就不会明白事理。古时候，圣明的君王有所谓胎教的方法：妃嫔怀孕三个月时，就要住到专门的房间，不该看的不看，不该听的不听，她所听的音乐、日常的饮食，都要受到礼仪的节制。这种胎教的方法，都刻写在玉片上，珍藏在铜质的柜子里。孩子出生后，尚未懂事时，太师、太保就确定好了，开始对他进行孝、仁、礼、义等方面的教育，并引导他练习。平民百姓纵然不能如此，也应该在孩子能看懂大人的脸色，明白大人的喜怒时，就加以教诲，做到大人允许他做他才做，不允许他做就不做。这样，等他长大时，就可以少受笞杖的责罚了。当父母的平时威严而且慈爱，子女就会敬畏谨慎，从而产生孝心。我看世上有些父母，对子女不加教育，只是一味溺爱，往往不能这样；他们对子女的饮食言行，任意放纵，本该训诫的反而加以奖励，本该责备的反而一笑了之。孩子懂事以后，就会认为理应如此。孩子骄横傲慢的习气已经养成了，这时才去制止，就算把他们鞭抽棍打至死，也难以树立父母的威信，父母的火气一天天增加，孩子的怨恨之情也会越来越深，等到孩子长大成人之后，终究是道德败坏。孔子所谓"少成若天性，习惯如自然"，讲的就是这个道理。俗话说："教导媳妇趁新到，教育孩子要赶早。"这话一点不假啊！

凡人不能教子女者，亦非欲陷其罪恶；但重①于诃怒，伤其颜色，不忍楚②挞惨其肌肤耳。当以疾病为谕，安得不用汤药针艾③救之哉？又宜思勤督训者，可愿④苛虐于骨肉乎？诚不得已也。

王大司马母魏夫人，性甚严正。王在湓城⑤时，为三千人将，年逾四十，少不如意，犹捶挞之，故能成其勋业。梁元帝时，有一学士，聪敏有才，为父所宠，失于教义。一言之是，遍于行路⑥，终年誉之；一行之非，掩藏文饰，冀其自改。年登婚宦⑦，暴慢日滋，竟以言语不择，为周逖抽肠衅鼓云。

【注释】

①重：难。

②楚：荆条，古时用作刑杖。这里是用刑杖打人的意思。

③艾：多年生草本植物。叶制成艾绒，可供针灸用。

④可愿：岂愿。

⑤湓城：也称湓口，为湓水入长江处，即今江西九江。

⑥行路：路人。

⑦婚宦：结婚和为官，此处指成年。

【译文】

一般人不教育子女，并不是想让子女去犯罪作恶，只是不愿看到子女受责骂而脸色沮丧，不忍子女被荆条抽打皮肉受苦罢了。这应该用治病来打比方，一个人生了病，哪有不用汤药、针灸就能治好病的呢？也应该想一想那些勤于督促训导子女的父母，他们难道愿意虐待自己的亲生骨肉吗？确实是不得已啊。

大司马王僧辩的母亲魏老夫人，品性非常严谨方正。王僧辩在湓城时，是三千士卒的统领，年纪也过四十了，但稍微不如母亲的意，老夫人还用棍棒教训他。因此，王僧辩才能成就功业。梁元帝的时候，有一位学士，聪明有才气，从小被父亲宠爱，疏于管教。他若一句话说得漂亮，当爹的巴不得过往行人都晓得，一年到头地挂在嘴上；他若一件事做错了，当爹的为他百般遮掩粉饰，希望他能自己改正。这位学士成年以后，残暴傲慢的习气一天赛过一天，终究因为说话不检点，被周逖杀掉后，肠子被抽出，血被拿去涂抹战鼓。

父子之严，不可以狎①；骨肉之爱，不可以简。简则慈孝不接，狎则怠慢生焉。由命士②以上，父子异宫，此不狎之道也；抑搔痒痛，悬衾箧枕③，此不简之教也。或问曰："陈亢喜闻君子之远其子，何谓也？"对曰："有是也。盖君子之不亲教其子也。《诗》有讽刺之辞，《礼》有嫌疑之诫，《书》有悖乱之事，《春秋》有邪僻之讥，《易》有备物④之象：皆非父子之可通言，故不亲授耳。"

【注释】

①狎：亲近而不庄重。

②命士：古代称读书做官者为士，命士指受朝廷爵命的士。

③愚衾箧枕：把被子捆好悬挂起来，把枕头放进箱子里。

④备物：备办各种器物。

【译文】

父亲对孩子要有威严，不能过分亲昵；骨肉之间要相亲相爱，不能简慢不拘礼节。不拘礼节，就不能做到父慈子孝；过分亲昵就会产生放肆不敬之心。从有地位的读书人往上数，他们父子是分室居住的，这就是不过分亲昵的办法；当长辈身体不适时，晚辈为他们按摩抓搔，收拾卧具，这些都是防止怠惰简慢的道理。有人要问："孔子的弟子陈亢听说孔子疏远自己的儿子的事，感到很高兴，这是为什么呢？"我要回答说："这是有道理的。因为君子不亲自教授自己的孩子。《诗经》中有讽刺骂人的言辞，《礼记》中有回避嫌疑的告诫，《尚书》中有悖礼作乱的记载，《春秋》中有对淫乱行为的指责，《易》中有备物致用的卦象，这些都不是当父亲的可以直接向孩子讲述的，所以君子不亲自教授自己的孩子。"

齐武成帝子琅邪王，太子母弟也，生而聪慧，帝及后并笃爱之，衣服饮食，与东宫相准①。帝每面称之曰："此黠儿也，当有所成。"及太子即位，王居别宫，礼数②优僭，不与诸王等。太后犹谓不足，常以为言。年十许岁，骄恣无节，器服玩好，必拟乘舆③；尝④朝南殿，见典御⑤进新冰，钩盾⑥献早李，还索不得，遂大怒，訽⑦曰："至尊已有，我何意无？"不知分齐⑧，率皆如此。识者多有叔段、州吁之讥。后嫌宰相，遂矫诏斩之，又惧有救，乃勒麾下军士，防守殿门；既无反心，受劳而罢，后竟坐此幽薨⑨。

【注释】
①东宫：太子所居之处，代指太子。准：比照。
②礼数：指古代按名位而分的礼仪等级制度。
③乘舆：皇帝的车子，后用以代指皇帝。
④尝：曾经。
⑤典御：古代主管帝王饮食的官员。
⑥钩盾：古代主管皇家园林等事项的官署。
⑦訽：詈骂。
⑧分齐：分寸。

⑨坐：获罪。薨（hōng）：古代称侯王死为"薨"。

【译文】

齐武成帝的三儿子琅琊王高俨，是太子高纬的同母弟弟，他天生很聪慧，武成帝和皇后都非常喜欢他，吃的穿的，与太子一样。武成帝经常当面称赞他说："这可是个机灵孩子啊，今后必会大有成就。"等到太子即位，琅琊王移居别的宫殿，他的礼遇仍然十分优厚，超过其他诸侯王。即使这样，太后还认为优待不够，常为此向皇帝进言。琅琊王十岁左右时，骄横放肆得没有节制，他在吃穿用住等方面，都要与当皇帝的哥哥相比。他曾经到南殿朝拜，正碰上典御官向皇上进献刚从地窖里取出的冰块，钩盾令进献早熟的李子，他回府后就派人去索取，没有得到，他便大发脾气，骂道："皇上已有的东西，我凭什么就没份？"一点都不懂得分寸，他的行为大抵都是如此。有识之士大多指责他是古代共叔段、州吁一类人。后来，琅琊王因为讨厌宰相，假传圣旨将他杀了，又担心有人来救，竟命令手下军士把守殿门。他虽然本没有反心，受安抚后就撤了兵，但最终还是因为此事被秘密地处死。

　　人之爱子，罕亦能均；自古及今，此弊多矣。贤俊者自可赏爱，顽鲁者亦当矜怜。有偏宠者，虽欲以厚之，更所以祸之。共叔之死，母实为之；赵王之戮，父实使之。刘表之倾宗覆族，袁绍之地裂兵亡，可为灵龟明鉴①也。

【注释】

①灵龟明鉴：古人以龟壳占卜，以铜镜照形，故以此二物比喻可资借鉴的事。

【译文】

人们喜爱自己的孩子，却很少能够做到一视同仁。从古到今，这中间的弊端可够多了。那聪慧俊秀的孩子，当然值得赏识喜爱，那愚蠢迟钝的孩子，也应该喜爱怜惜才是。那些偏宠孩子的人，虽然本意是想以自己的爱厚待他，反而以此害了他。共叔段的死，实际是他母亲造成的；赵王如意被杀，实际是他父亲造成的。其他像刘表的宗族倾覆，袁绍的兵败地失，这些事例都像灵龟、明镜一样可供人借鉴啊。

兄弟第三

夫有人民而后有夫妇，有夫妇而后有父子，有父子而后有兄弟：一家之亲，此三而已矣。自兹以往，至于九族①，皆本于三亲焉，故于人伦为重者也，不可不笃。兄弟者，分形连气②之人也。方其幼也，父母左提右挈，前襟后裾，食则同案③，衣则传服④，学则连业⑤，游则共方，虽有悖乱之人，不能不相爱也。及其壮也，各妻其妻，各子其子，虽有笃厚之人，不能不少衰也。娣姒⑥之比兄弟，则疏薄矣；今使疏薄之人，而节量亲厚之恩，犹方底而圆盖，必不合矣。惟友悌⑦深至，不为旁人之所移者，免夫！

【注释】

①九族：指本身以上的父、祖、曾祖、高祖和以下的子、孙、曾孙、玄孙。也以父族四代、母族三代、妻族两代为"九族"。

②分形连气：形体各别，气息相通。

③案：古代一种放食器的盘。

④传服：指大孩子用过的衣服留给小孩子穿。

⑤连业：指哥哥用过的经籍，弟弟又接着使用。业，古代书写经籍的大版。

⑥娣姒：兄弟之妻的互称，即"妯娌"。

⑦友：兄弟相亲。悌：敬爱兄长。

【译文】

有了人类以后才有夫妇，有了夫妇以后才有父子，有了父子以后才有兄弟：一个家庭中的亲人，就这三者而已。由此类推，直到产生出九族，都是来源于这三种至亲关系，所以三亲是人伦关系中最为重要的部分，不可不加以重视。兄弟是一母所生、外表不同而气息相通的人。他们小的时候，父母左手拉一个，右手牵一个；这个扯着父母的前襟，那个抓住父母的后摆；吃饭时用同一个案盘；穿衣服是哥哥穿过的传给弟弟；学习是弟弟用哥哥的课本；游玩是在同一个地方。虽然有悖礼胡来的人，兄弟间却不能不互相爱护。等到他们长大成人，各自娶了妻子，各自有了孩子，虽然有忠诚厚道的人，兄弟间的感情却是渐渐减弱。妯娌比起兄弟来，关系就更加疏远淡薄了。现在让疏远淡薄的人来节制度量兄弟间亲密深厚的感情，这就好比给方形的底座配上圆形的盖子，必定不会适合的。只有相互敬爱、感情至深、不会受别人影响而改变的兄弟，才可避免发生上述情况。

二亲既殁①，兄弟相顾，当如形之与影，声之与响；爱先人之遗体②，惜己身之分气③，非兄弟何念④哉？兄弟之际，异于他人，望深则易怨，地亲⑤则易弭。譬犹居室，一穴则塞之，一隙则涂之，则无颓毁之虑；如雀鼠之不恤，风雨之不防，壁陷楹沦⑥，无可救矣。仆妾之为雀鼠，妻子之为风雨，甚哉！

【注释】

①殁：死。

②先人：指已死亡的父母。遗体：古人称自己的身子为父母的遗体。

③分气：分得的父母的血气。

④念：爱怜。

⑤地亲：地近情亲。

⑥楹：厅堂前的柱子。沦：没落，塌陷。这里指摧折。

【译文】

父母去世后，兄弟间互相照顾，应当如同形体与它的影子，声音与它的回声一样密切。互相爱护先辈所给予的躯体，互相珍惜从父母那儿分得的血气，除了兄弟，还有谁会这样互相爱怜呢？兄弟之间的关系与别人不同，相互期望过高，容易产生不满，而接触密切，不满也容易消除。这就好比一间居室，破了一个洞就立刻堵上，裂了一条缝就马上封住，这样就不会有房子倒塌的忧虑了。如果对麻雀、老鼠的危害不放在心上，对风雨的侵蚀不加以提防，就会墙壁倒塌，楹柱摧折，没法补救了。仆妾比起麻雀、老鼠，妻子比起风雨来，其威力更加厉害呀！

兄弟不睦，则子侄不爱；子侄不爱，则群从疏薄；群从①疏薄，则僮仆为仇敌矣。如此，则行路皆踏其面而蹈其心②，谁救之哉！人或交天下之士，皆有欢爱，而失敬于兄者，何其能多而不能少也！人或将数万之师，得其死力，而失恩于弟者，何其能疏而不能亲也！

【注释】

①群从：与"子侄"同辈的族中子弟。

②踏：践踏。蹈：踩。

【译文】

如果兄弟之间不和睦，那么子侄之间就不会互相爱护；子侄之间不互相爱护，整个家族中的子弟就会疏远淡薄；族中子弟疏远淡薄，那童仆之间就会相互仇视敌对了。这样，过往路人都可以随意欺辱他们，谁还会来救助他们呢！有的人能够结交天下之士，并且相处融洽，而对自己的兄长却缺乏敬意，为什么对多数人可做到的，而对少数人却不行呢！有的人可以统领几万军队，使部下为他拼死效力，而对自己的弟弟却薄情寡恩，为什么对关系疏远的人能做到的，对关系亲密的人却不行呢！

娣姒者，多争之地也，使骨肉居之，亦不若各归四海，感霜露而相思，伫日月之相望也。况以行路之人，处多争之地，能无间者，鲜矣。所以然者，以其当公务①而执私情，处重责而怀薄义也；若能恕己^②而行，换子而抚^③，则此患不生矣。

【注释】

①公务：指大家庭内部的集体事务。

②恕己：用宽恕自己的态度去对待别人。

③换子而抚：互相交换孩子抚养。这里指把兄弟的子女当成自己的子女。

【译文】

妯娌之间，容易产生纠纷，即使是同胞姊妹，与其让她们成为妯娌住在一起，还不如让她们远嫁各地，这样，她们分离后，反而会因感叹霜露的降临而互相思念，仰观日月的运行而遥相盼望。何况妯娌本是陌路之人，处在容易闹纠纷的环境里，互相之间能够不产生隔阂的，实在太少了。之所以会这样，是因为面对家庭中的集体事务时大家都各怀私心，肩负重大的责任却心怀个人的区区恩义。如果她们能够本着仁爱之心行事，把兄弟的孩子当成自己的孩子加以爱抚，那么妯娌不和的事情就不会发生了。

人之事兄，不可^①同于事父，何怨爱弟不及爱子乎？是反照而不明也。沛国刘琎，尝与兄瓛连栋隔壁。瓛呼之数声不应，良久方答；瓛怪问之，乃曰："向来^②未着衣帽故也。"以此事兄，可以免矣。

江陵王玄绍，弟孝英、子敏，兄弟三人，特相友爱，所得甘旨③新异，非共聚食，必不先尝，孜孜④色貌，相见如不足者。及西台陷没，玄绍以形体魁梧，为兵所围，二弟争共抱持，各求代死，终不得解，遂并命⑤尔。

【注释】

①可：肯。

②向来：刚才。

③甘旨：美味的食物。

④孜孜：勤勉的样子。

⑤并命：相从而死。

【译文】

有的人不肯以对待父亲的态度敬事兄长，又何必埋怨兄长怜爱弟弟不如怜爱自家孩子呢？这反而证明了自己缺乏自知之明。沛国的刘琎与哥哥刘瓛的住房只隔一层墙壁。一次，刘瓛呼叫刘琎，连叫几声都没有人答应。过了好一会儿，才听见应答。刘瓛感到奇怪，问他原因，他说："因为刚才还没有穿戴好衣帽。"以这样的态度敬事兄长，可以不必担心哥哥对弟弟不如对自家的孩子了。

江陵的王玄绍与弟弟孝英、子敏兄弟三人特别友爱，谁要得到美味新奇的食品，除非是三人在一起共享，否则绝不会有谁先去品尝。兄弟三人勤勉相待，见面时总觉得在一起的时间不够。到了江陵陷落的时候，玄绍因为体形魁梧，被敌兵包围，两个弟弟争着去抱他，请求替哥哥去死，但终于未能消解灾难，三人一同被杀害。

后娶第四

吉甫，贤父也，伯奇，孝子也，以贤父御^①孝子，合得终于天性，而后妻间之，伯奇遂放。曾参^②妇死，谓其子曰："吾不及吉甫，汝不及伯奇。"王骏^③丧妻，亦谓人曰："我不及曾参，子不如华、元^④。"并终身不娶，此等足以为诫。其后，假继惨虐孤遗^⑤，离间骨肉^⑥，伤心断肠者，何可胜数。慎之哉！慎之哉！

【注释】

①御：治理。一般指的是上对下的治理。此处是管教或教诲之意。

②曾参（前505—前436）：孔子弟子，曾子，名参，字子舆，春秋末年鲁国南武城（位于今山东费县）人。以孝著称。

③王骏：西汉成帝时的大臣。

④华、元：即曾华、曾元。曾参的两个儿子。

⑤假继：继母。孤遗：前妻留下的孩子，因已失去生母，故亦称"孤"。

⑥离间骨肉：此处指后母挑拨前妻之子与其生父发生矛盾和争执。

【译文】

尹吉甫是一位贤明的父亲,伯奇是一位孝顺的儿子。让贤明的父亲来教导孝顺的儿子,应该能够称心如意吧。但是遭遇吉甫的后妻从中挑拨,伯奇就被父亲放逐了。曾参的妻子死后,他拒绝续娶,并对儿子说:"我不如吉甫贤明,你们也赶不上伯奇孝顺。"王骏在妻子死后,也对别人说了相同的理由:"我不如曾参,我的孩子也不如曾华、曾元。"此二人都终身不再另娶。这些事例足以让人引以为戒。在曾参、王骏之后,继母残酷虐待前妻的孩子,离间父子骨肉的关系,令人伤心断肠的事,不可胜数,因此对娶后妻这件事,要慎之又慎啊!

江左①不讳庶孽,丧室之后,多以妾媵②终家事;疥癣蚊虻,或未能免,限以大分,故稀斗阋之耻。河北鄙于侧出③,不预人流,是以必须重娶,至于三四,母年有少于子者。后母之弟,与前妇之兄④,衣服饮食,爰及婚宦,至于士庶贵贱之隔,俗以为常。身没⑤之后,辞讼盈公门,谤辱彰⑥道路,子诬母为妾,弟黜⑦兄为佣,播扬先人之辞迹,暴露祖考之长短⑧,以求直己者,往往而有。悲夫!自古奸臣佞⑨妾,以一言陷人者众矣!况夫妇之义,晓夕移⑩之,婢仆求容,助相说引,积年累月,安有孝子乎?此不可不畏。

【注释】

①江左：江东。指长江在芜湖以下的南岸地区，长江在此为东北流向，旧时地理上东为左，西为右，因此称江左。此处也是东晋及南朝时期的根据地。

②妾媵（yìng）：旧时诸侯之女出嫁，从嫁的妹妹或侄女叫"妾媵"。后来广义地称正妻以外的婢妾为"妾媵"。

③侧出：此处指婢妾所生子女。

④后母之弟：后母生之子，对前母生之子来说就是弟弟。前妇之兄：前母所生之子，对后母所生之子来说是兄。

⑤没：同"殁"。死亡。

⑥彰：显扬，公开。

⑦黜：贬斥。

⑧长短：是非，好坏。

⑨佞（nìng）：花言巧语进行谄媚他人。

⑩移：改变，变化。

【译文】

江东一带，不顾忌妾媵所生的孩子，正妻死后，大多是以妾媵主持家事。这样，小的摩擦，或许不能避免，但限于妾媵的身份地位，也能很少发生兄弟内讧那种耻辱的事。在河北一带，瞧不起妾媵所生的孩子，不让他们平等参与各种家庭或社会事务，这样，在妻子死去以后，就一定要再娶一位，甚至娶三四次，以至后母的年龄比前妻的儿子还小。后妻所生的儿子，与前妻所生的儿子，他们的衣服饮食，一直到婚配做官，竟然有像士庶贵贱那样的区别，而当地习俗认为这是很正常的。这样的家庭，在父亲死后，往往打官司会挤破衙门，诽谤辱骂之声路上都能听得到。前妻之子诬蔑后母是小老婆，后母之子贬斥前妻之子当佣仆，他们四处传扬先辈的隐私，暴露祖宗的长短，以此来证明自己的正直，这种人时时出现。可悲啊！自古到今的奸臣佞妾，用一句话就害了别人的太多了！何况凭夫妇的情义，早晚会改变男人的心意，婢女男仆为讨得主人欢喜，帮着劝说引诱，积年累月，怎么还可能有孝子？这不能不让人恐惧。

凡庸之性①，后夫多宠前夫之孤，后妻必虐前妻之子；非唯妇人怀嫉妒之情，丈夫有沉惑②之僻，亦事势使之然也。前夫之孤，不敢与我子争家，提携鞠养，积习生爱，故宠之；前妻之子，每居己生之上，宦③学婚嫁，莫不为防焉，故虐之。异姓④宠则父母被怨，继亲⑤虐则兄弟为仇，家有此者，皆门户⑥之祸也。

【注释】

①庸：此处指平常人或普通人。性：习性，品性。

②沉惑：迷惑，沉迷。

③宦：旧时指做官。

④异姓：此处指前夫之子。

⑤继亲:后母,继母。
⑥门户:家庭,家门。

【译文】

常人的秉性,后夫大多宠爱前夫留下的孩子,后妻则虐待前妻丢下的骨肉。并不是只有妇人才会心怀嫉妒之情,男人也有一味溺爱的毛病,这是事物的情势令他们这样。前夫的孩子,不敢与自己的孩子争夺家业,而从小照顾抚养他,日积月累就能够产生爱心,因此就宠爱他;前妻的孩子,地位往往在自己孩子之上,读书做官,男婚女嫁,没有一样不要提防,因此要虐待他。但异姓的孩子被宠爱,父母就会遭到怨恨,后母虐待前妻的孩子,兄弟之间就会变成仇人,如果哪家有这种事,都是家庭的祸害啊!

治家第五

　　夫风化①者，自上而行于下者也，自先而施于后者也。是以父不慈则子不孝，兄不友则弟不恭，夫不义则妇不顺矣。父慈而子逆，兄友而弟傲，夫义而妇陵②，则天之凶民，乃刑戮之所摄③，非训导之所移也。

　　笞怒废于家，则竖子之过立见④；刑罚不中，则民无所措手足⑤。治家之宽猛，亦犹国焉。

【注释】

①风化：教育感化。

②陵：同"凌"，欺侮。

③摄：同"慑"，使人畏惧害怕。

④竖子：未成年的人。见：同"现"，出现。

⑤中：合适。措：安放。

【译文】

　　教育感化的事，是自上而下推行，前人影响后人的。因此，如果父亲不慈爱，子女就不会孝顺；哥哥不友爱，弟弟就不会恭敬；丈夫不仁义，妻子就不会温顺。父亲慈爱而子女忤逆，哥哥友爱而弟弟倨傲，丈夫仁义而妻子凶悍，那么这些人就是天生的恶人，只有靠刑罚杀戮来使他们畏惧，而不是靠训导可加以改变的。

如果家庭内部取消了鞭笞一类的体罚，孩子们的过失马上就会出现；如果国家的刑罚施用不当，老百姓就会手足无措。治理家庭的宽严标准也要像治理国家一样恰当。

孔子曰："奢则不孙，俭则固①；与其不孙也，宁固。"又云："如有周公②之才之美，使骄且吝，其余不足观也已。"然则可俭而不可吝已。俭者，省约为礼之谓也；吝者，穷急不恤之谓也。今有施则奢，俭则吝；如能施而不奢，俭而不吝，可矣。

【注释】

①孙：同"逊"，恭顺。固：鄙陋。

②周公：姬旦，周文王之子。

【译文】

孔子说："奢侈就显得不恭顺，俭朴就显得鄙陋。与其不恭顺，宁可鄙陋。"孔子又说："假如一个人有周公那样好的才能和美德，但只要他既骄傲又吝啬，那么其他方面也就不值得一看了。"这么说来，为人可以节俭却不可以吝啬。节俭，是指减省节约以合乎礼数；吝啬，是指对穷困急难的人也不救济。现在人肯施舍的却也奢侈，能节俭的人却又吝啬，如果能做到肯施舍而不奢侈，能节俭而不吝啬，那就好了。

生民之本，要当稼穑①而食，桑麻以衣。蔬果之畜，园场之所产；鸡豚之善②，埘圈③之所生。爰及栋宇器械，樵苏④脂烛，莫非种殖之物也。至能守其业者，闭门而为生之具以足，但家无盐井耳。今北土风俗，率能躬俭节用，以赡衣食；江南奢侈，多不逮焉。

【注释】

①稼穑：泛指农业生产。

②善：同"膳"，饭食。

③埘：鸡窝。圈：猪圈，牛羊圈。

④樵苏：做燃料用的柴草。

【译文】

百姓生存的根本，就是要靠春播秋收获取食物，种植桑麻得到衣服。蔬菜水果的积储，是靠果园菜圃里出产；鸡肉猪肉等美味，是靠鸡窝猪圈里产生。至于房屋器用、柴草脂烛，没有一样不是耕种养殖的产物。那些善于经营家业的人，不用出门而各种维持生计的物品已经齐备，只不过家里没有盐井罢了。如今北方的风俗，大部分家庭能够做到减省节约，以保障衣食之需；而江南地区风俗则奢侈浪费，比不上北方人会节俭持家。

梁孝元世，有中书舍人①，治家失度，而过严刻。妻妾遂共货刺客，何醉而杀之。

世间名士，但务宽仁；至于饮食饷馈，僮仆减损，施惠然诺②，妻子节量，狎侮宾客，侵耗乡党③：此亦为家之巨蠹④矣。

齐吏部侍郎房文烈，未尝嗔怒，经霖雨绝粮，遣婢籴米，因尔逃窜，三四许日，方复擒之。房徐曰："举家无食，汝何处来？"竟无捶挞。尝寄人宅⑤，奴婢彻屋⑥为薪略尽，闻之颦蹙⑦，卒无一言。

【注释】

①中书舍人：官名，为中书省属官，任起草诏令之职，参与机密，权力甚重。

②然诺：应允之辞。

③乡党：泛指乡里。

④蠹：蛀虫。这里指为害家庭的人或事。

⑤寄人宅：以宅寄人，把房子借给别人居住。

⑥彻：同"撤"，折毁。

⑦颦蹙：皱眉蹙额，闷闷不乐的样子。

【译文】

梁元帝年间，有一位中书舍人，治家没有一定的法度，处事过于严厉苛刻。结果，他的妻妾共同买通刺客，乘他喝醉时杀了他。

世上的一些名士，治家时一味讲究宽厚仁慈，以至于日常饮食以及用来馈赠亲友的东西，童仆竟然敢从中克扣，承诺接济他人的钱物，由妻子儿女把持控制，甚至还发生戏弄侮辱宾客、侵害乡里的事：这也是家中的一大祸害啊。

齐朝的吏部侍郎房文烈，从不生气发怒，有一次因连遭大雨，家中断粮，房文烈派一名婢女买米，婢女竟然乘机逃跑了，过了三四天，才把她抓获。房文烈只是语气平缓地对她说："一家人都没吃的了，你跑哪里去啦？"竟然没有痛打她。房文烈曾经把房子借给别人居住，那家的奴婢们拆房子当柴烧，差不多要拆光了，他知道后只是皱了皱眉头，始终没说一句话。

裴子野有疏亲故属饥寒不能自济者，皆收养之。家素清贫，时逢水旱，二石米为薄粥，仅得遍焉，躬自①同之，常无厌色。邺下有一领军②，贪积已甚，家僮八百，誓满一千；朝夕每人肴膳，以十五钱为率，遇有客旅，更无以兼。后坐事伏法，籍其家产，麻鞋一屋，弊衣数库，其余财宝，不可胜言。南阳有人，为生奥博③，性殊俭吝，冬至后女婿谒之，乃设一铜瓯④酒，数脔⑤獐肉；婿恨其单率，一举尽之。主人愕然，俯仰⑥命益，如此者再。退而责其女曰："某郎⑦好酒，故汝常贫。"及其死后，诸子争财，兄遂杀弟。

【注释】

①躬自：自己，亲自。

②领军：官名，东汉建安四年置此官，后改为中领军，掌管禁兵。

③奥博：指深藏广蓄，积累富厚。

④瓯：盆盂一类的器皿。

⑤脔：切成块的肉。

⑥俯仰：周旋，应付。

⑦郎：六朝时人呼婿为郎。

【译文】

南朝的裴子野，每当他的远亲旧属饥寒而无力自救时，都尽力收养他们。他家本来就清寒贫穷，碰上水旱灾害，用二石米煮成稀粥，也只够每人都喝上一点。他与大家一道喝粥，从来没有显出埋怨的神情。邺下有一位领军，过于贪财，家中童仆已有八百人，他还发誓要凑满一千。早晚每人的饭菜，以十五文钱为标准，即使来了客人，也不另外添加。后来他因犯罪被法办，朝廷派人没收他的家产时，发现他有一屋子麻鞋，几库房烂衣服，其余的财宝多得无法说。南阳有个人，家业富足殷实，而生性却极为吝啬。有一年冬至后，女婿去拜望他，他就摆出一小铜瓯酒和几块獐子肉来招待；女婿怪他简慢，把酒肉一下子就吃喝光了。这位南阳人感到惊愕，只好应付着叫仆人添酒加菜，就这样先后添了两次。退席后他责备女儿说："你丈夫爱喝酒，所以你总是受穷。"等他死后，几个儿子争夺家产，哥哥竟然把弟弟给杀了。

借人典籍，皆须爱护，先有缺坏，就为补治，此亦士大夫百行①之一也。济阳江禄，读书未竟，虽有急速，必待卷束②整齐，然后得起，故无损败，人不厌其求假焉。或有狼籍几案，分散部帙③，多为童幼婢妾之所点污，风雨虫鼠之所毁伤，实为累德。吾每读圣人之书，未尝不肃敬对之；其故纸有《五经》词义，及贤达姓名，不敢秽用④也。

吾家巫觋祷请⑤，绝于言议；符书章醮⑥，亦无祈焉，并汝曹所见也。勿为妖妄之费。

【注释】

①百行：古代士大夫所定立身行己之道，共有百事，称之为百行。

②卷束：南北朝时，书籍抄写在绢帛上，然后卷成一卷收藏，称之为书卷。

③部：古代书籍多按内容分为若干门类称部，引申后称一种书为一部书。帙：古人用以装书卷的布套。

④秽用：用在不干净的地方。

⑤巫觋：男女巫的合称。祷请：向鬼神祈祷请求。

⑥符书章醮：旧时道士用来驱鬼招神或治病延年的神秘文书。

【译文】

借别人的书籍，都应当爱护，借来时如有缺坏，就替别人修补好,这也是士大夫应该做的善事之一啊。济阳的江禄,在读书未结束时,虽然碰上急事,也一定要把书卷束整齐,然后才起身,所以他的书没有损坏的,别人也不讨厌他来借书。有的人把书乱七八糟地堆放在桌上,那些分散的书卷,大多被孩童、婢女、侍妾弄脏,或被风雨侵蚀、被虫鼠蛀咬所毁坏,这样做,实在有损道德。我每次读圣人的书,都严肃恭敬地对待它。废旧的纸张上若有《五经》的文义以及贤达的姓名,绝不敢拿来用在污秽的地方。

我们家里从不提请巫师求鬼神消灾赐福,也不祈求道士用符书设道场,这些都是你们看到的。可不要为这类妖妄之事浪费钱财。

风操第六

吾观《礼经》，圣人之教：箕帚匕箸①，咳唾②唯诺，执烛沃盥，皆有节文，亦为至矣。但既残缺，非复全书；其有所不载，及世事变改者，学达君子，自为节度，相承行之，故世号士大夫风操。而家门颇有不同，所见互称长短；然其阡陌③，亦自可知。昔在江南，目能视而见之，耳能听而闻之；蓬生麻中，不劳翰墨④。汝曹生于戎马之间，视听之所不晓，故聊记录，以传示子孙。

【注释】

①箕帚：畚箕和扫帚。匕箸：汤匙和筷子。

②咳唾：比喻人的言论。

③阡陌：途径。

④翰墨：笔墨。

【译文】

我看那《礼经》，上面有圣人的教诲：为长辈清扫秽物时该怎样使用畚箕、扫帚，进餐时该怎样使用汤匙、筷子，怎样应对得体，怎样持烛照明、以礼待客，怎样服侍长辈盥洗，这种种事项都有一定的节制规范，《礼经》中说得也十分周详。但此书已经残缺，不再是全本；有些礼仪规范，书上也未记载，有些则需根据世事的变化做相应调整，于是博学通达的君子便自己斟酌制定了一些规范标准，递相沿袭而推行之，所以人们就把这些礼仪规范称为士大夫风操。然而各个家庭自有不同，对所见到的礼仪规范看法不同，但它们的基本还是清楚的。我过去在江南的时候，对这些礼仪规范耳闻目睹，早已深受其熏染，就像蓬蒿生长在麻之中，不用规范也长得很直一样。你们生长在战乱年代，对这些礼仪规范当然是看不见、听不到的，所以我姑且把它们记录下来，以此传示子孙后代。

昔刘文饶不忍骂奴为畜产①，今世愚人遂以相戏，或有指名为豚犊②者。有识傍观，犹欲掩耳，况当之者乎？

近在议曹③，共平章百官秩禄④，有一显贵，当世名臣，意嫌所议过厚。齐朝有一两士族文学之人，谓此贵曰："今日天下大同⑤，须为百代典式，岂得尚作关中旧意？明公定是陶朱公⑥大儿耳！"彼此欢笑，不以为嫌。

【注释】

①畜产：畜生。

②豚：小猪。犊：小牛。

③议曹：官署名，掌言职。

④平章：商量处理。秩禄：俸禄。

⑤大同：此处指隋已灭陈，天下统一。

⑥陶朱公：即春秋时越国大夫范蠡。

【译文】

从前，刘文饶不忍心骂奴仆为畜生，现在那些愚人们，却拿这类字眼互相开玩笑，还有指名道姓称别人为猪仔牛犊的。有见识的旁观者，都恨不得把耳朵捂住，何况那当事人呢？

最近我在议曹参加商讨百官的俸禄标准问题，有一位显贵，是当今名臣，认为大家商议的标准过于优厚了。有一两位原齐朝士族的文学侍从，便对这位显贵说："现在天下统一了，我们应该给后世树立典范，哪能仍然沿袭以前的关中旧规呢？您如此吝啬，一定是陶朱公的大儿子吧！"说罢彼此你欢我笑，竟然不感到厌恶。

南人冬至岁首，不诣丧家；若不修书，则过节束带①以申慰。北人至岁②之日，重行吊礼；礼无明文，则吾不取。南人宾至不迎，相见捧手而不揖③，送客下席而已；北人迎送并至门，相见则揖，皆古之道也，吾善其迎揖。

【注释】

①束带：整饬衣冠，束紧衣带，表示恭敬。
②至岁：指冬至、岁首二节。
③捧手：拱手以表示敬意。揖：俯身。

【译文】

南方人在冬至、岁首这两个节日中，不到办丧事的人家去；如果不写信致哀，就等过了节再穿戴整齐亲往吊唁，以示慰问。北方人在冬至、岁首这两个节日中，特别重视吊唁活动。这在礼仪上没有明文记载，我是不赞同的。南方人在宾客到来时不出迎，见面时只是拱手而不弯腰，送客仅仅起身离席而已。北方人迎送客人都要到门口，相见时作揖为礼，这些都是古代的遗风，我很赞许他们这种待客之礼。

别易会难，古人所重；江南饯送，下泣言离。有王子侯①，梁武帝弟，出为东郡，与武帝别，帝曰："我年已老，与汝分张②，甚以恻怆。"数行泪下。侯遂密云③，赧然而出。坐此被责，飘飘舟渚，一百许日，卒不得去。北间风俗，不屑此事，歧路言离，欢笑分首④。然人性自有少涕泪者，肠虽欲绝，目犹烂然；如此之人，不可强责。

【注释】

①王子侯：皇室所封列侯。

②分张：分别。

③密云：无泪，指强做悲凄之态而不掉泪。

④分首：即分手。古时首、手同音通用。

【译文】

别时容易见时难，古人对离别之情很重视；江南人在为人饯行时，谈到分离就掉眼泪。有一位王子侯，是梁武帝的弟弟，即将到东边的州郡去任职，前来与梁武帝告别。武帝对他说："我年纪已经老了，与你分别，真感到伤心。"说完便泪流不止。王子侯勉强做出悲伤的样子，却挤不出眼泪，只好含羞而去。他因这件事被人指责，舟船在江边飘荡了一百多天，最终还是不能离开。北方的风俗，就不屑沉溺于离情别绪，在岔路口谈起别离，都是欢笑着分手。当然，有些人天性就很少流泪，即使痛断肝肠，眼睛依然炯炯有神，像这样的人，就不可过分地去责备他。

四海之人，结为兄弟，亦何容易。必有志均义敌，令终如始①者，方可议之。一尔②之后，命子拜伏，呼为丈人③，申父友之敬；身事彼亲，亦宜加礼。比见北人，甚轻此节，行路相逢，便定昆季④，望年观貌，不择是非，至有结父为兄，托子为弟者。

【注释】

①令终如始：善始善终，始终如一。

②一尔：一旦如此。

③丈人：对亲戚长辈的通称。

④昆季：指兄弟。长为昆，幼为季。

【译文】

四海之内的异姓人，结拜为兄弟，谈何容易。必须是志同道合而又始终如一的人，才可加以考虑。一旦与人结为兄弟，就要让自己的孩子向他伏地下拜，称他为丈人，以表达对父亲朋友的尊敬。自己对结拜兄弟的父母亲，也应该以礼相待。我常常见到一些北方人，很轻率地对待此事，两个人陌路相逢，立刻便结为兄弟，只问问年龄看看外貌，也不斟酌一下是否妥当，以致有把父辈当成兄长，把子侄辈当成弟弟的。

昔者，周公一沐三握发，一饭三吐餐①，以接白屋之士②，一日所见者七十余人。晋文公以沐辞竖头须，致有图反之诮③。门不停宾，古所贵也。失教之家，阍寺④无礼，或以主君寝食嗔怒，拒客未通，江南深以为耻。黄门侍郎⑤裴之礼，号善为士大夫，有如此辈，对宾杖之。其门生⑥僮仆，接于他人，折旋⑦俯仰，辞色应对，莫不肃敬，与主无别也。

【注释】

①一沐三握发，一饭三吐餐：指洗一次头会中断多次，一顿饭中间须多次停食，以接待宾客。两句均形容求贤之心迫切。

②白屋之士：指平民。古代平民住房不施彩，故称其所住之屋为白屋。

③图：考虑。诮：嘲笑，讥讽。

④阍寺：看门人。

⑤黄门侍郎：官职名。

⑥门生：此指门下使役之人。

⑦折旋：曲行。古代行礼时的动作。

【译文】

从前，周公宁愿随时中断沐浴、用餐，以接待来访的贫寒之士，曾经在一天之内接见了七十多个人。晋文公则以正在沐浴为借口拒绝接见下人头须，头须因此讥笑他思维颠倒。不让宾客滞留在门前，这是古人所看重的。那些没有教养的人家，看门人也没有礼貌，他们在客人来访时，就以主人正在睡觉、吃饭或发脾气为借口，拒绝为客人通报，江南的人家认为这种做法很可耻。黄门侍郎裴之礼，被称作士大夫的楷模，如果他家中有这样的仆人，他会当着客人的面用棍子抽打。他的门子、童仆在接待客人的时候，进退礼仪、言行举止，无不严肃恭敬，与对待主人没有两样。

慕贤第七

古人云:"千载一圣,犹旦暮也;五百年一贤,犹比髆①也。"言圣贤之难得,疏阔如此。傥遭不世明达君子,安可不攀附景仰之乎?吾生于乱世,长于戎马,流离播越②,闻见已多。所值名贤,未尝不心醉魂迷向慕之也。人在年少,神情未定,所与款狎③,熏渍陶染,言笑举动,无心于学,潜移暗化,自然似之。何况操履艺能④,较明⑤易习者也?是以与善人居,如入芝兰之室,久而自芳也。与恶人居,如入鲍鱼之肆,久而自臭也。墨子悲于染丝,是之谓矣。君子必慎交游焉。孔子曰:"无友不如己者。"颜、闵⑥之徒,何可世得!但优于我,便足贵之。

【注释】

①比髆:并肩。

②播越:离散,流亡。

③款狎:款洽狎昵,相互间关系亲密。

④操履:操守德行。艺能:本领,技能。

⑤较明:明显。

⑥颜、闵:指孔子弟子颜回、闵损。

【译文】

古人说:"一千年出一位圣人,就好像从早到晚那么快了；五百年出一个贤士，也就像一个接着一个那么多了。"这是说圣贤之人稀少难得，已经到这种地步了。假如碰到了人世罕有的明达君子，哪能不去攀附景仰呢？我出生在乱世，成长于战争年代，颠沛流离，听到看到的够多了。但只要遇到有名的贤人，未尝不心醉神迷地向往钦慕人家。人在年轻的时候，精神性情尚未定型，与那些情投意合的朋友朝夕相伴，受其熏陶渍染，一言一笑，一举一动，虽然没有存心去学，但在潜移默化中，自然就跟他们相似了。何况操守德行和本领技能，是明显容易学习的东西呢？因此，与善人相处，就像进入满是芝草兰花的屋子中一样，时间久了自己也变得芬芳起来；与恶人相处，就像进入满是鲍鱼的店铺一样，时间久了自己也变得腥臭起来。墨子看见人们染丝就感叹，说的也就是这个道理。君子与人交往一定要慎重。孔子说："不要与不如自己的人交朋友。"像颜回、闵损那样的贤人，我们一辈子也难得遇上一个！只要比我强的人，也就值得我去敬重了。

世人多蔽，贵耳贱目，重遥轻近。少长周旋①，如有贤哲，每相狎侮，不加礼敬。他乡异县，微藉②风声，延颈企踵③，甚于饥渴。校其长短，核其精粗，或彼不能如此矣。所以鲁人谓孔子为东家丘。昔虞国宫之奇，少长于君，君狎之，不纳其谏，以至亡国，不可不留心也。

用其言，弃其身，古人所耻。凡有一言一行，取于人者，皆显称之，不可窃人之美，以为己力；虽轻虽贱者，必归功焉。窃人之财，刑辟④之所处；窃人之美，鬼神之所责。

【注释】

①少长：指从年少到长大。周旋：交往。

②藉：凭借，依靠。

③延颈企踵：伸长脖子踮起脚跟，形容殷切期盼。

④刑辟：刑法，刑律。

【译文】

一般人多有一种偏见：对传闻的东西很看重，对亲眼所见的东西则很轻视；对远处的事物很感兴趣，对近处的事物则不放在心上。从小一起长大的人，如果当中谁成了贤能之士，人们也往往对他轻侮怠慢，而不是以礼相待。而处在他乡异土的人，凭着那么点名声，就能使大家伸长脖子、踮起脚跟，如饥似渴地盼望一见。其实，核实两人的长短，考察两人的优劣，也许远方的还不如身边的呢。所以，鲁国的人称孔子为"东家丘"。从前，虞国的宫之奇年龄稍长于国君，国君与他过于亲昵，不肯接受他的劝谏，以致亡了国，这个教训不可不牢记于心。

采用了某人的意见却又嫌弃这个人，这种行为在古人看来是可耻的。凡是一句话或一个行为，取自于他人的，就应该赞扬人家，而不能掠人之美，当成自己的功劳。即使这个人地位低下，也一定要肯定他的功劳。窃取别人的钱财，会遭到刑罚的处置；窃取别人的成果，会遭到鬼神的责罚。

梁孝元前在荆州，有丁觇者，洪亭民耳，颇善属文，殊工草隶。孝元书记，一皆使之。军府①轻贱，多未之重，耻令子弟以为楷法，时云："丁君十纸，不敌王褒数字。"吾雅爱其手迹，常所宝持。孝元尝遣典签②惠编送文章示萧祭酒，祭酒问云："君王比赐书翰③，及写诗笔④，殊为佳手，姓名为谁？那得都无声问⑤？"编以实答。子云叹曰："此人后生无比，遂不为世所称，亦是奇事。"于是闻者稍复刮目。稍仕至尚书仪曹郎⑥，末为晋安王侍读⑦，随王东下。及西台陷殁，简牍湮散，丁亦寻卒于扬州。前所轻者，后思一纸，不可得矣。

【注释】

①军府：时萧绎都督六州军事，故称其治所为军府。

②典签：官名。权力甚大，称为签帅。

③比：近来。书翰：指书信。

④诗笔：六朝人以诗笔对言，笔指无韵之文。

⑤声问：声誉。

⑥仪曹郎：古代官名。

⑦侍读：诸王属官，职责是给诸王讲经读史。

【译文】

梁孝元帝过去在荆州时,他那里有一位叫丁觇的人,是洪亭人氏,很会写文章,特别擅长草书和隶书。孝元帝的文书抄写,全部由他负责。军府中的人,大都瞧不起他,耻于让自己的子弟去临习他的书法,当时流行的话是:"丁觇写上十张纸,抵不上王褒几个字。"我非常喜爱他的墨迹,常常把它们珍藏起来。孝元帝曾经派典签惠编送文章给祭酒萧子云看,萧子云就问惠编:"君王最近写有书信给我,还有他的诗歌文章,书法非常漂亮,那书写者实在是一个少有的高手,他姓甚名谁?怎么会一点名声都没有呢?"惠编据实回答了。萧子云感叹道:"此人在年轻后生中无人能比,竟然不被世人所称道,也算是奇事一桩。"从此,听说此事的人才渐渐改变对丁觇的看法。丁觇后来渐渐升迁到尚书仪曹郎的位置,最后任晋安王侍读,随晋安王东下。等到江陵陷落的时候,那些文书信札一起散失了,丁觇不久也在扬州去世。过去轻视他的人,后来再想得到他的只字片纸,也不可能了。

侯景初入建业,台门①虽闭,公私草扰②,各不自全。太子左卫率羊侃坐东掖门,部分经略③,一宿皆办,遂得百余日抗拒凶逆。于时,城内四万许人,王公朝士,不下一百,便是恃侃一人安之,其相去如此。古人云:"巢父、许由④,让千大卜;市道小人,争一钱之利。"亦已悬⑤矣。

【注释】

①台门：禁城的城门。

②草扰：仓促纷乱。

③部分：部署安排。经略：策划处理。

④巢父、许由：俱为尧时人，尧以天下让此二人，皆不受。

⑤悬：悬殊。

【译文】

侯景刚攻入建业城的时候，台门虽然是紧闭的，但台城内的官吏百姓一片混乱，人人自危。这时，太子左卫率羊侃坐镇东掖门，他部署策划抵抗事宜，一个晚上就全都安排好了，于是才争取到一百多天的时间来抵抗凶恶的叛军。当时，台城内有四万多人，其中的王公、大臣不下一百，就是靠羊侃一人来安定局面的，他们之间的差距是如此之大。古人说："巢父、许由把天下都让给别人了，而市侩庸人为一个小钱也要争夺不休。"两者之间的差距也太悬殊了。

齐文宣帝即位数年，便沉湎纵恣，略无纲纪①；尚能委政尚书令杨遵彦，内外清谧，朝野晏如②，各得其所，物无异议，终天保③之朝。遵彦后为孝昭所戮，刑政于是衰矣。斛律明月，齐朝折冲④之臣，无罪被诛，将士解体⑤，周人始有吞齐之志，关中至今誉之。此人用兵，岂止万夫之望⑥而已哉！国之存亡，系其生死。

【注释】

①纲纪：法度，法纪。

②晏如：安然的样子。

③天保：北齐文宣帝年号。

④折冲：使敌人的战车后撤，即击退敌军。冲，古代战车的一种。

⑤解体：人心涣散。

⑥万夫之望：即众望所归的意思。

【译文】

齐朝文宣帝即位几年后，便沉湎酒色，放纵恣睢，一点不顾法纪。但他尚能将政事交给尚书令杨遵彦处理，所以朝廷内外清静安宁，各种事务都能得到妥善安排，大家都没有什么非议，这种局面一直维持到天保之朝结束。杨遵彦后来被孝昭帝杀害，国家的刑律政令从此就衰败了。斛律明月是齐朝安邦御敌的重臣，却无辜被杀，军队将士因此而人心涣散，北周才萌生了吞并齐国的欲望，关中一带人民至今对斛律明月仍称赞不已。这个人用兵，岂止是众望所归啊！他的生死，关系着国家的存亡。

张延隽之为晋州行台①左丞，匡维主将，镇抚疆埸②，储积器用，爱活黎民，隐若敌国矣③。群小不得行志，同力迁之。既代之后，公私扰乱，周师一举，此镇先平。齐亡之迹，启于是矣。

【注释】

①行台：凡朝廷遣大臣督诸军于外，谓之行台。

②疆埸：国界。

③隐：威重之貌。敌国：与国相匹敌。

【译文】

张延隽任晋州行台左丞时，辅佐主将，镇守安抚边界，储备蓄积物资，爱护救助百姓，使晋州威重得可以与一国相匹敌。那些卑鄙小人因不能按自己的意愿行事，就联合起来把他排挤走了。张延隽被取代了之后，晋州一片混乱，北周军队一起兵，晋州城就首先被扫平。齐国败亡的迹象，就从这里开始了。

勉学第八

自古明王圣帝犹须勤学,况凡庶乎!此事遍于经史,吾亦不能郑重①,聊举近世切要,以启寤②汝耳。士大夫子弟,数岁已上,莫不被教,多者或至《礼》《传》,少者不失《诗》《论》。及至冠婚,体性稍定;因此天机,倍须训诱。有志尚者,遂能磨砺,以就素业③,无履立④者,自兹堕⑤慢,便为凡人。

【注释】

①郑重:这里是频繁的意思。

②寤:同"悟",使觉悟。

③素业:清素之业,即士族所从事的儒业。

④履立:操守。

⑤堕:同"惰",散漫。

【译文】

自古以来的那些圣明帝王,尚须勤奋学习,何况普通百姓呢!这类事在经书典籍中随处可见,我也不能一一列举,姑且捡近世紧要的事例说说,来启发开导你们。士大夫的子弟,长到几岁以后,没有不受教育的,那学得多的,已学了《礼记》《左传》;那学得少的,也学完了《诗经》《论语》。等到他们成年，体质性情逐渐成形，趁这个时候，就要对他们加倍训导教诲。他们中间那些有志向的，就能经受磨炼，以成就其清白正大的事业，而那些没有操守的，从此懈怠起来，变成了平庸的人。

人生在世，会当有业：农民则计量耕稼，商贾则讨论货贿，工巧则致精器用，伎艺则沉思法术，武夫则惯习弓马，文士则讲议经书。多见士大夫耻涉农商，羞务工伎，射则不能穿札①，笔则才记姓名，饱食醉酒，忽忽无事，以此销日，以此终年。或因家世余绪，得一阶②半级，便自为足，全忘修学；及有吉凶大事，议论得失，蒙然③张口，如坐云雾；公私宴集，谈古赋诗，塞默低头，欠伸④而已。有识旁观，代其入地。何惜数年勤学，长受一生愧辱哉！

【注释】

①札：铠甲上的叶片，多用皮革或金属制成。

②阶：官阶，品级。

③蒙然：无知的样子。

④欠伸：打哈欠，伸懒腰。

【译文】

人生在世，应该有所专业：当农民的就要算计耕作，当商贩的就要商谈买卖，当工匠的就要精心制作各种用品，当艺人的就要潜心钻研技艺，当武士的就要熟悉骑马射箭，当文人的就要谈论儒家经书。我经常见到一些士大夫，不屑于务农经商，又缺乏手工艺方面的本事，射箭连一层铠甲也射不穿，提笔仅仅能写出自己的名字，整天酒足饭饱，无所事事，以此消磨时光，了结一生。还有的人因祖上的荫庇，谋得一官半职，便自我满足，全然忘记了学习；一旦碰上吉凶大事，议论起得失来，就张口结舌，茫然无知，如同坠入云雾中一般；在各种公私宴会的场合，别人谈古论今，吟诗作赋，他却像嘴被塞住了一般，低着头不吭声，只有打哈欠、伸懒腰的份儿。有见识的旁观者，都替他羞愧，恨不得钻到地下去。这些人为何不肯勤学几年，以至于终生蒙受羞辱呢！

梁朝全盛之时，贵游子弟①，多无学术，至于谚云："上车不落则著作，体中何如则秘书②。"无不熏衣剃面，傅粉施朱，驾长檐车③，跟高齿屐④，坐棋子方褥⑤，凭斑丝隐囊⑥，列器玩于左右，从容出入，望若神仙。明经⑦求第，则顾人答策⑧；三九⑨公宴，则假手赋诗。当尔之时，亦快士⑩也。及离乱之后，朝市⑪迁革，铨衡⑫选举，非复曩者之亲；当路秉权，不见昔时之党。求诸身而无所得，施之世而无所用。被褐而丧珠，失皮而露质，兀若枯木，泊若穷流，鹿独⑬戎马之间，转死沟壑之际。当尔之时，诚驽材也。有学艺者，触地而安。自荒乱以来，诸见俘虏。虽百世小人，知读《论语》《孝经》者，尚为人师；虽千载冠冕，不晓书记者，莫不耕田养马。以此观之，安可不自勉耶？若能常保数百卷书，千载终不为小人也。

【注释】

①贵游子弟：无官职的王公贵族叫贵游。亦泛指显贵者。

②著作：即著作郎，官名，掌编纂国史。体中何如：当时书信中的客套话。

③长檐车：一种用车幔覆盖整个车身的车子。

④高齿屐：一种装有高齿的木底鞋。

⑤棋子方褥：一种用方格图案的织品制成的方形坐褥。

⑥隐囊：靠枕。

⑦明经：以经义取士，谓之明经。

⑧顾：同"雇"。答策：即对策。

⑨三九：即三公九卿。泛指朝官重臣。

⑩快士：优秀人物。

⑪朝市：此指朝廷。

⑫铨衡：考核选拔人才。

⑬鹿独：颠沛流离的样子。

【译文】

梁朝全盛之时，那些贵族子弟大多不学无术，以至于当时的谚语说："上车不跌跤，就可以当著作郎；会说身体好，就可以做秘书官。"这些贵族子弟没有一个不是以香料熏衣，修剃脸面，涂脂抹粉的；他们外出乘的是长檐车，走路穿的是高齿履，坐着织有方格图案的丝绸坐褥，倚靠着五彩丝线织成的靠枕，身边摆的是各种古玩，进进出出从容自如，看上去就像神仙。到明经答问求取功名的时候，就雇人顶替自己去应试；三公九卿列席的宴会上，他们就借别人之手来帮自己作诗。在那种时刻，他们倒也像个人物。等到动乱来临，朝廷变革，负责考察选拔官吏的，不再是过去的亲信，在朝中执掌大权的，也不再是旧日的同党。这时候，这些贵族子弟们想依靠自己，又一无所长，想在社会上发挥作用，又毫无本事。他们只能身穿粗布衣服，卖掉家中的珠宝，失去华丽的外表，露出本来的面目，呆头呆脑像段枯木，有气无力像条即将干涸的河流，在乱军中颠沛流离，最后抛尸于荒沟野壑之中。在这种时候，这些贵族子弟就成了地地道道的蠢材。而那些有学问有手艺的人，无论走到哪里都可以站稳脚跟。自从兵荒马乱以来，我见过不少俘虏，有些人虽然世世代代都是平民百姓，但由于懂得《论语》《孝经》，还可以给别人当老师；有些人，虽然是世代相传的世家大族子弟，但由于不会书写，最终沦落到给别人耕田养马的地步。这样看来，怎么能不勉励自己努力学习呢？如果能够经常保存几百卷书籍，就是再过一千年也不会沦为贱之人。

夫明"六经"①之指，涉百家之书，纵不能增益德行，敦厉②风俗，犹为一艺③，得以自资。父兄不可常依，乡国不可常保，一旦流离，无人庇荫，当自求诸身耳。谚曰："积财千万，不如薄伎④在身。"伎之易习而可贵者，无过读书也。世人不问愚智，皆欲识人之多，见事之广，而不肯读书，是犹求饱而懒营馔，欲暖而惰裁衣也。夫读书之人，自羲、农⑤已来，宇宙之下，凡识几人，凡见几事，生民之成败好恶，固不足论，天地所不能藏，鬼神所不能隐也。

【注释】

①六经：指《诗》《书》《礼》《乐》《易》《春秋》六部儒家经典。

②敦厉：敦促，劝勉。

③艺：技艺，才能。

④伎：同"技"。

⑤羲、农：伏羲、神农，均为传说中的古代帝王，且均被列为三皇之一。

【译文】

通晓"六经"的要旨，涉猎百家著述，即使不能提高道德修养，劝勉世风习俗，也不失为一种才艺，可以用来自谋生计。父亲兄长不能长期依靠，家乡邦国不能常保无事，一旦流离失所，没有人来庇护资助你时，就只有求助于自己了。俗话说："积财千万，不如薄技在身。"各种技艺中最容易学会而且最受人推崇的本事，莫过于读书。世人不管愚蠢还是聪明，都希望认识的人多，见识的事广，但却不肯读书，这就好比想要饱餐却懒于做饭，想要身体暖和却懒于裁衣一样。那些读书的人，从伏羲、神农以来，在这世界上，共认识了多少人，见识了多少事，对一般人的成败好恶，自然不用说，就连天地万物的道理，鬼神的事，也瞒不过他们。

有客难主人①曰："吾见强弩长戟②，诛罪安民，以取公侯者有矣；文义③习吏，匡时富国，以取卿相者有矣；学备古今，才兼文武，身无禄位，妻子饥寒者，不可胜数，安足贵学乎？"主人对曰："夫命之穷达，犹金玉木石也；修以学艺，犹磨莹雕刻也。金玉之磨莹，自美其矿璞④；木石之段块，自丑其雕刻。安可言木石之雕刻，乃胜金玉之矿璞哉？不得以有学之贫贱，比于无学之富贵也。且负甲为兵，咋笔⑤为吏，身死名灭者如牛毛，角立杰出者如芝草⑥；握素披黄⑦，吟道咏德，苦辛无益者如日蚀，逸乐名利者如秋荼⑧，岂得同年而语⑨矣。且又闻之：生而知之者上，学而知之者次。所以学者，欲其多知明达耳。必有天才，拔群出类，为将则暗与孙武、吴起同术，执政则悬得管仲、子产之教，虽未读书，吾亦谓之学矣。今子即不能然，不帅古之踪迹，犹蒙被而卧耳。"

【注释】

①主人：作者自称。

②弩、戟：均为古代兵器。

③文：文饰，这里做阐释解。义：礼仪。

④矿：未经冶炼的金属。璞：未经雕琢的玉石。

⑤咋笔：操笔。

⑥角立：如角之挺立。芝草：即灵芝草。

⑦素：即绢素。黄：即黄卷。素、黄均代指书籍。

⑧秋荼：荼，菅茅等植物的白花，因其秋天花开茂盛，故文中以秋荼比喻繁多。

⑨同年而语：相提并论。

【译文】

有客人诘难我说："有些人手持强弓长戟，去诛灭罪恶之人，安抚黎民百姓，以此博取公侯爵位；有些人阐释礼仪，研习吏道，匡正时世，使国家富足，以此博取卿相职位；而学问贯通古今，文武兼备，却身无俸禄官爵，妻子儿女挨饿受冻的人，却多得数不清，由此看来，怎么能让人重视学习呢？"我回答说："一个人的命运是困厄还是显达，就好比金、玉与木、石。研习学问，就好比琢磨金、玉，雕刻木、石。金、玉经过琢磨，就比矿、璞更美，一段木头、一块石头，就比经过雕刻的要丑陋，但怎么可以说经过雕刻的木、石就胜过未经琢磨的金、玉呢？所以，不能以有学问的人的贫贱，去与那无学问的人的富贵相比。况且，那些披挂铠甲去当兵，口含笔管充任小吏的人，身死名灭者多如牛毛，脱颖而出者少如灵芝仙草；勤奋攻读，修身养性，含辛茹苦而没有获益的人就像日食那样少见，而闲适安乐，追名逐利的人却像秋荼那样繁多，哪能够把二者相提并论呢？况且我又听说，生下来就明白事理的是上等人，通过学习才明白事理的是次一等人。人之所以要学习，就是想使自己知识丰富，明白通达。如果说一定有天才存在的话，那就是出类拔萃的人，作为将军，他们天生具备了与孙武、吴起相同的军事谋略；作为执政者，他们先天就获得了管仲、子产的政教才干。虽然他们没有读过书，我也要说他们是有学问的。您现在不能够做到这一点，又不去学习古人的做法，就好比蒙着被子睡觉，什么都不知道了。"

人见邻里亲戚有佳快①者，使子弟慕而学之，不知使学古人，何其蔽也哉？世人但知跨马被甲，长矟②强弓，便云我能为将；不知明乎天道，辨乎地利，比量逆顺，鉴达兴亡之妙也。但知承上接下，积财聚谷，便云我能为相；不知敬鬼事神，移风易俗，调节阴阳，荐举贤圣之至③也。但知私财不入，公事夙办，便云我能治民；不知诚己刑物④，执辔如组⑤，反⑥风灭火，化鸱⑦为凤之术也。但知抱令守律，早刑晚舍⑧，便云我能平狱；不知同辕观罪，分剑追财，假言而奸露，不问而情得之察也。爰及农商工贾，厮役奴隶，钓鱼屠肉，饭牛牧羊，皆有先达，可为师表，博学求之，无不利于事也。

【注释】

①佳快：优秀。

②矟：即槊，古代兵器，长矛。

③至：周密。

④刑：同"型"。刑物：给人做出榜样。

⑤执辔如组：本指马车驾得好，比喻御民有方。辔，马缰绳。组，用丝织成的宽带子。

⑥反：同"返"，回的意思。

⑦鸱：即猫头鹰，古人视为恶鸟。

⑧早刑晚舍：用刑宁早，赦免宁迟。舍，同"赦"。

【译文】

人们看邻居、亲戚中有优秀的人物，就让自己的子弟钦慕他们，向他们学习，却不知道让自己的子弟学习古人，这是多么无知啊。一般人只看见当将军的跨骏马，披铠甲，手持长矛强弓，就说自己也能当将军，却不知道了解天时的阴晴寒暑，分辨地理的险易远近，比较权衡逆境顺境，审查把握兴盛衰亡的种种奥妙。一般人只知道当宰相的秉承旨意，统领百官，积财储粮，就说自己也能当宰相，却不知道要敬重鬼神，移风易俗，调节阴阳，荐贤举能的种种周密之处。一般人只知道不谋私财，公事尽快办理,就说自己也能治理百姓,却不知道诚心待人,为人楷模,御民有方,消灾免难,变恶为善的种种道理。一般人只知道依照法令条律,判刑宜早,赦免宜迟,就说自己也能秉公办案,却不知道要同辕观罪、分剑追财,用假言诱使诈伪者暴露,不用反复审问而案情自明的种种洞察力。推而广之,甚至那些农夫、商贾、工匠、童仆、奴隶、渔民、屠夫、喂牛的、放羊的,他们中间有贤德之人,可以作为学习的榜样,广泛地向他们学习,这对事业是有帮助的。

夫所以读书学问,本欲开心明目,利于行耳。未知养亲者,欲其观古人之先意承颜①,怡声下气②,不惮劬劳③,以致甘腝④,惕然惭惧,起而行之也。未知事君者,欲其观古人之守职无侵,见危授命⑤,不忘诚谏,以利社稷,恻然自念,思欲效之也。素骄奢者,欲其观古人之恭俭节用,卑以自牧⑥,礼为教本,敬者身基,瞿然自失,敛容抑志也;素鄙吝者,欲其观古人之贵义轻财,少私寡欲,忌盈恶满,赒穷恤匮,赧然悔耻,积而能散也;素暴悍者,欲其观古人之小心黜己,齿弊舌存,含垢藏疾,尊贤容众,苶然⑦沮丧,若不胜衣⑧也;素怯懦者,欲其观古人之达生委命⑨,强毅正直,立言必信,求福不回⑩,勃然奋厉,不可恐慑也:历兹以往,百行皆然。纵不能淳,去泰去甚⑪。学之所知,施无不达。

【注释】

①先意承颜：指孝子先父母之意而承顺其志。

②怡声下气：指声气和悦，形容恭顺的样子。

③劬劳：劳累。

④腝：肉柔软脆嫩。

⑤授命：献出生命。

⑥卑以自牧：以谦卑自守。

⑦茶然：疲倦的样子。

⑧不胜衣：谦恭退让的样子。

⑨达生：不受世务牵累。委命：听任命运支配。

⑩不回：不违先祖之道。

⑪去泰去甚：去其过甚，谓事宜适中。

【译文】

人之所以要读书学习，本来是为了开发心智，提高认识力，以利于自己的行动。对那些不知道如何奉养父母的人，要让他们看看古人如何体察父母心意，顺承父母的愿望办事，如何轻言细语、和颜悦色地与父母谈话，如何不辞劳苦为父母准备美味可口的食品，使他们感到畏惧惭愧，转而孝敬父母。对那些不知道如何侍奉国君的人，要让他们看看古人如何坚守职责，不侵凌犯上，在危急关头，不惜献出生命，不忘自己忠心劝谏的职责，使他们痛心地对照自己，进而想去效法古人。对那些平时骄横奢侈的人，要让他们看看古人如何恭谨俭朴，节约用度，谦卑自守，以礼为教化之本，以敬为立身之根，使他们震惊变色，自感若有所失，从而收敛骄横之态，抑制骄奢的习性。对那些向来浅薄吝啬的人，要让他们看看古人如何重义轻财，少私寡欲，忌盈恶满，如何体恤救济穷人，使他们面红耳赤，产生懊悔羞耻之心，从而做到既能积财又能散财。对那些平时暴虐凶悍的人，要让他们看看古人如何小心恭谨约束自我，懂得齿亡舌存的道理，如何宽宏大量，尊重贤士，容纳众人，使他们气焰顿消，显出谦恭退让的样子来。对那些平时胆小懦弱的人，要让他们看看古人如何看透人生，听天由命，如何强毅正直，说话算数，如何祈求福运，不违祖道，使他们能奋发振作，无所畏惧。由此类推，各方面的品行都可以用以上的方式来培养。即使不能使风气淳厚，也可以去掉那些极端、过分的不良行为。从学习中获取的知识，到哪里都可以运用。

世人读书者，但能言之，不能行之，忠孝无闻，仁义不足；加以断一条讼，不必得其理；宰千户县①，不必理其民；问其造屋，不必知楣横而棁竖也②；问其为田，不必知稷早而黍迟也；吟啸谈谑，讽咏辞赋，事既优闲，材增迂诞③，军国经纶，略无施用，故为武人俗吏所共嗤诋，良④由是乎！

【注释】

①千户县：指最小的县。

②楣：房屋的横梁。棁：梁上的短柱。
③迂诞：迂阔荒诞。
④良：的确，真的。

【译文】

然而现在有一些读书人，只知道空谈，却不付诸行动，忠孝谈不上，仁义也欠缺，再加上他们审断一桩官司，不一定了解其中道理；主管一个小县，不一定能管理好百姓；问他们怎样造房子，不一定知道楣是横着放，棁是竖着放；问他们怎样种田，不一定知道谷子要早下种而黄米要晚下种。他们整天只知道吟咏歌唱，谈笑戏谑，写诗作赋，悠闲自在，除了做一些迂阔荒诞的事情外，对于治军治国则毫无办法，所以他们被那些武官胥吏嗤笑辱骂，确实是有原因的。

夫学者所以求益耳。见人读数十卷书，便自高大，凌忽①长者，轻慢同列②；人疾之如仇敌，恶之如鸱枭。如此以学自损，不如无学也。

古之学者为己，以补不足也；今之学者为人，但能说之也。古之学者为人，行道以利世也；今之学者为己，修身以求进也。夫学者犹种树也，春玩其华，秋登其实；讲论文章，春华也，修身利行③，秋实也。

【注释】

①凌忽：侵犯，欺辱。

②同列:地位相同的人。

③修身利行:涵养德行,以利于事。

【译文】

人们学习是为了有所收获。我看见有的人读了几十卷书,就自高自大起来,冒犯长者,轻慢同辈。大家仇视他就像仇视敌人一般,厌恶他就像厌恶鸱枭一般。像这样用学习来损害自己,还不如不要学习。

古代求学的人是为了充实自己,以弥补自身的不足;现在求学的人是为了向别人炫耀,只能夸夸其谈。古代求学的人是为了别人,推行自己的主张以造福社会;现在求学的人是为了自身需要,提高自己的学问涵养以求做官。学习就像种树一样,春天可以观赏它的花朵,秋天可以摘取它的果实;讲论文章,这就好比赏玩春花,修身利行,这就好比摘取秋果。

人生小幼,精神专利①,长成已后,思虑散逸,固须早教,勿失机也。吾七岁时,诵《灵光殿赋》,至于今日,十年一理,犹不遗忘;二十之外,所诵经书,一月废置,便至荒芜②矣。然人有坎壈③,失于盛年,犹当晚学,不可自弃。孔子云:"五十以学《易》,可以无大过矣。"魏武、袁遗,老而弥笃,此皆少学而至老不倦也。曾子七十乃学,名闻天下;荀卿五十,始来游学,犹为硕儒;公孙弘四十余,方读《春秋》,以此遂登丞相;朱云亦四十,始学《易》《论语》；皇甫谧二十，始受《孝经》《论语》：皆终成大儒，此并早迷而晚寤也。世人婚冠未学，便称迟暮，因循④面墙，亦为愚耳。幼而学者，如日出之光；老而学者，如秉烛夜行，犹贤乎瞑目而无见者也。

【注释】

①专利：专注。

②荒芜：此处指学业荒废。

③坎壈：困顿不得志。

④因循：此处指不愿再重新学习。

【译文】

人在幼小的时候，精神专注敏锐，长大成人以后，心思容易分散，因此，对孩子要及早教育，不可错过良机。我七岁的时候，背诵《灵光殿赋》，直到今天，隔十年温习一次，仍然没有遗忘；二十岁以后，所背诵的经书，搁置在那里一个月没有温习，便到了荒废的地步。当然，人总有困厄的时候，要是年轻时失去了求学的机会，到了晚年也应该抓紧时间学习，不可自暴自弃。孔子说："五十岁时学习《易》，就可以不犯大错了。"曹操、袁遗，到老年时学习得更加专心，这些都是从小到老勤学不辍的例子。曾子七十岁时才开始学习，最后名闻天下；荀子五十岁才开始到齐国游学，仍然成为大学问家；公孙弘四十多岁才开始读《春秋》，并因此当上了丞相；朱云也是四十岁才开始学《易经》《论语》的；皇甫谧二十岁才开始学习《孝经》《论语》，他们最后都成了大学者。这些都是早年没有用功而晚年醒悟过来且立志成才的例子。一般人到成年后还未开始学习，就说太晚了，便一天天混下去，就像面对墙壁什么也看不见，也太愚蠢了。从小就学习的人，就好像日出的光芒；到老年才开始学习的人，就好像手持蜡烛在夜间行走，但总比闭着眼睛什么都看不见的人强。

学之兴废，随世轻重。汉时贤俊，皆以一经弘圣人之道，上明天时，下该人事，用此致卿相者多矣。末俗①已来不复尔，空守章句②，但诵师言，施之世务，殆无一可。故士大夫子弟，皆以博涉为贵，不肯专儒。

【注释】

①末俗：末世的风俗。

②章句：指古书中的章节与句子。

【译文】

学习风气的兴盛或衰败，随社会风气的变化而变化。汉朝的贤士俊才们，都靠精通一部经书来弘扬圣人之道，上可知晓天命，下可贯通人事，他们中凭着这个而做高官的人可多了。汉末风气改变以后就不再如此，读书人都空守章句之学，只知背诵老师讲过的话，如果靠这些东西来处理实际事务，大概不会有任何用处。因此，后来的士大夫子弟都以广泛涉猎各种典籍为贵，不肯专攻一经。

梁朝皇孙以下，总丱之年①，必先入学，观其志尚，出身②已后，便从文史，略无卒业者。冠冕③为此者，则有何胤、刘瓛、明山宾、周舍、朱异、周弘正、贺琛、贺革、萧子政、刘绍等，兼通文史，不徒讲说也。洛阳亦闻崔浩、张伟、刘芳，邺下又见邢子才：此四儒者，虽好经术，亦以才博擅名。如此诸贤，故为上品，以外率多田野间人，音辞鄙陋，风操蚩④拙，相与专固，无所堪能，问一言辄酬数百，责其指归，或无要会⑤。

【注释】

①总丱之年：指童年时代。丱，古时儿童束发成两角的样子。

②出身：指出仕。

③冠冕：此处为仕官的代称。

④蚩：无知的样子。

⑤要会：要旨。

【译文】

梁朝自皇孙以下，在童年时就一定先让他们入学读书，观察他们的志向，到步入仕途的年龄后，就去参与文官的事务，没有一个是把学业坚持到底的。既当官又能坚持学业的，则有何胤、刘瓛、明山宾、周舍、朱异、周弘正、贺琛、贺革、萧子政、刘绍等人，他们兼通文史，并不仅仅只会讲论经书而已。我听说洛阳有崔浩、张伟、刘芳三人的大名，邺下还有位邢子才：这四位学者，虽然都喜好经术，但也以才识广博而闻名。以上的诸贤士，是学者中的上品，除此之外就大都是些山野村夫，这些人语言鄙陋，道德拙劣，互相之间固执己见，什么事也干不了。你问他一句话，他就会答出几百句，若要问他其中的意旨究竟是什么，他大都说不到点上。

邺下谚云："博士①买驴，书券三纸，未有驴字。"使汝以此为师，令人气塞。孔子曰："学也禄在其中矣。"今勤无益之事，恐非业也。夫圣人之书，所以设教，但明练经文，粗通注义，常使言行有得，亦足为人；何必"仲尼居"即须两纸疏义②，燕寝讲堂③，亦复何在？以此得胜，宁有益乎？光阴可惜，譬诸逝水。当博览机要④，以济功业；必能兼美，吾无间⑤焉。

【注释】

①博士：国子学中主讲经义的人。这里泛指执教者。

②疏义：系对经注而言，注是注解经文，疏是演释注文。

③燕寝：闲居之处。讲堂：讲习之所。

④机要：精义要旨。

⑤无间：无话可说。

【译文】

邺下有谚语："博士去买驴，契约写了三大张，还没有写出个'驴'字。"如果让你以这种人为师，还不把人气死。孔子说："俸禄就在学习之中"，而今这些人却在那些毫无益处的事情上下功夫，这恐怕不是正经的行当吧。圣人的书，是用来教育人的，只要能熟读经文，粗通注文之义，经常能使自己的言行从中得到帮助，也就足以在世上为人了；何必对"仲尼居"三个字就要写两张纸的疏文来解释呢，你说"居"指闲居之处，他说"居"指讲习之所，现在还存在吗？在这种问题上，争个你输我赢，有什么好处吗？光阴可惜，就像流水般一去不复返。我们应当广泛阅读书中那些精要之处，以求对自己的事业有所帮助。如果你们能把博览与专精结合起来，那我就十分满意，再无话可说了。

俗间儒士，不涉群书，经纬①之外，义疏②而已。吾初入邺，与博陵崔文彦交游，尝说《王粲集》中难郑玄《尚书》事。崔转为诸儒道之，始将发口，悬见排蹙③，云："文集只有诗赋铭诔，岂当论经书事乎？且先儒之中，未闻有王粲也。"崔笑而退，竟不以粲集示之。魏收之在议曹，与诸博士议宗庙事，引据《汉书》，博士笑曰："未闻

《汉书》得证经术。"收便忿怒,都不复言,取《韦玄成传》,掷之而起。博士一夜共披寻④之,达明,乃来谢曰:"不谓玄成如此学也。"

【注释】

①经纬:经书和纬书。经书指儒家经典著作,纬书是汉代混合神学附和儒家经义的书。

②义疏:疏解经义之书。

③排蹙:排挤。此处引申为斥责。

④披寻:翻阅查找。

【译文】

如今的读书人,不广泛涉猎,除了读经书和纬书外,就是学学注疏而已。我初到邺城的时候,与博陵的崔文彦交往,曾谈起《王粲集》中关于王粲诘难郑玄注解的《尚书》的事。崔文彦转而向几位读书人谈起此事,才刚开口,就被他们斥责道:"文集中只有诗、赋、铭、诔之类文体,难道会论及经书的事吗?况且在先前的儒士中,也没听说过王粲这人啊。"崔文彦笑了笑便走了,终究没有把《王粲集》给他们看。魏收任职议曹时,与各位博士议及有关宗庙之事,并引《汉书》为据,众博士笑着说:"我们没有听说过《汉书》可以验证经学。"魏收很生气,一句话也没有说,把《汉书·韦玄成传》扔给他们,博士们聚在一起看了一夜此书,第二天才前来道歉说:"想不到韦玄成还有这等学问啊。"

夫老、庄之书,盖全真①养性,不肯以物累己②也。故藏名柱史③,终蹈流沙;匿迹漆园,卒辞楚相,此任纵之徒耳。何晏、王弼,祖述玄宗④,递相夸尚,景⑤附草靡,皆以农、黄⑥之化,在乎己身,周、孔之业,弃之度外。而平叔以党曹爽见诛,触死权之网也;辅嗣以多笑人被疾,陷好胜之阱也;山巨源以蓄积取讥,背多藏厚亡之文也;夏侯玄以才望被戮,无支离臃肿之鉴也;荀奉倩丧妻,神伤而卒,非鼓缶之情也;王夷甫悼子,悲不自胜,异东门之达也;嵇叔夜排俗取祸,岂和光同尘⑦之流也;郭子玄以倾动专势,宁后身外己之风也;阮嗣宗沉酒荒迷,乖畏途相诫之譬也;谢幼舆赃贿黜削,违弃其余鱼⑧之旨也:彼诸人者,并其领袖,玄宗所归。

【注释】

①全真:保持本性。

②以物累己:因为外物而损伤自己。

③柱史:即柱下史的省称,为周秦时官名。

④玄宗:指道家所谓道的深奥旨意。

⑤景:"影"的本字。

⑥农、黄:神农氏和黄帝。

⑦和光同尘:把光荣和尘浊同等看待。

⑧余鱼：比喻多余的东西。

【译文】

老子、庄子的书，讲的是如何保持本真、修养品性，不肯以身外之物来损伤自己。所以老子隐姓埋名在周朝担任柱下史，最后隐遁于沙漠之中；庄子隐居漆园为小吏，最终拒绝了楚王召他为相的邀请。他们都是自由自在、无拘无束的人啊。后来有何晏、王弼，宣讲道教的教义，当时的人如影子依附于形体、草木顺着风向一般，都以神农、黄帝的教化来装扮自身，而将周公、孔子的学业置之度外。然而何晏因为党附曹爽而被诛杀，这是死在贪欲的罗网上了；王弼以自己的所长去讥笑别人而遭到憎恨，这是掉进争强好胜的陷阱里了；山涛因为贪吝积敛而遭人讥讽，这是违背了聚敛越多丧失越大的古训；夏侯玄因为自己的才能声望而遭到杀害，这是因为没有从庄子所说的支离和臃肿大树等无用之材得以自保的寓言中吸取教训；荀粲在丧妻之后，因伤心过度而死，这就不具有庄子在丧妻之后鼓盆而歌的超脱情怀；王衍因哀悼儿子而悲不自胜，这就不同于东门吴丧子之后的那种达观态度了；嵇康因排斥俗流而招致杀身之祸，这哪里是老子所说的与世无争、不露锋芒之辈呢；郭象因声名显赫而最终走上权势之路，也没有达到甘于人后、忘掉自我的境界；阮籍纵酒迷乱，不合于庄子关于"畏途相诫"的譬喻；谢鲲因贪污而丢官，这是违背了不贪多余财物的宗旨。上面提到的这些人，都是道家中人心所向的领袖人物。

其余桎梏尘滓①之中，颠仆名利之下者，岂可备言乎！直取其清谈雅论，剖玄析微，宾主往复，娱心悦耳，非济世成俗之要也。洎于梁世，兹风复阐，《庄》《老》《周易》，总谓《三玄》。武皇、简文，躬自讲论。周弘正奉赞大猷②，化行都邑，学徒千余，实为盛美。元帝在江、荆间，复所爱习，召置学生，亲为教授，废寝忘食，以夜继朝，至乃倦剧③愁愤，辄以讲自释。吾时颇④预末筵，亲承音旨，性既顽鲁，亦所不好云。

【注释】

①桎梏：脚镣手铐，后也比喻一切束缚人的东西。尘滓：尘俗滓秽，比喻世间烦琐的事务。

②大猷：治国的大道。

③倦剧：非常疲倦。

④颇：此处是略微、偶尔之意。

【译文】

至于其余那些在尘世污秽中身套名缰利锁，在名利场中摸爬滚打之辈，我更无从细说了。这些人不过是选取老、庄书中的那些清谈雅论，剖析其中的玄妙细微之处，宾主在玄谈中相互问答，只求娱心悦耳，但这些并不是拯救社会、形成良好社会风气的紧要之事。到了梁朝，这种清谈崇玄的风气又流行起来,当时,《庄子》《老子》《周易》被总称为"三玄"。梁武帝和简文帝都亲自加以讲论。周弘正奉君主之命讲述以道教治国的大道理,其风气影响都城和大小城镇,各地门徒达到一千多人,实在是盛况空前。后来梁元帝在江陵、荆州的时候,也很喜欢讲习《三玄》,他召集学生,亲自为他们讲授,以至于废寝忘食,夜以继日,甚至在他极度疲倦,或忧愁烦闷的时候,也靠讲授道教玄学来自我排解。我当时偶尔也在末位就座,亲耳聆听梁元帝的教诲,然而我这人天资愚笨,对此缺乏兴趣,所以也没有什么收获。

齐孝昭帝侍娄太后疾,容色憔悴,服膳减损。徐之才为灸两穴,帝握拳代痛,爪入掌心,血流满手。后既痊愈,帝寻疾崩,遗诏恨不见太后山陵①之事。其天性至孝如彼,不识忌讳如此,良由无学所为。若见古人之讥欲母早死而悲哭之,则不发此言也。孝为百行之首,犹须学以修饰之,况余事乎!

【注释】

①山陵:帝王或皇后的坟墓。此指孝昭帝母亲的丧事。

【译文】

北齐的孝昭帝,在娄太后病重期间,他一直服侍左右,因此而脸色憔悴,饭量减少。徐之才为太后针灸两个穴位的时候，太后疼痛难忍，孝昭帝在一旁紧握双拳代母亲受痛，指甲刺入掌心，以致血流满手。太后病愈后，孝昭帝却不久就暴病而亡，临终前留下遗诏说：遗憾的是不能为太后操办后事，以尽孝心。他的天性是如此孝顺，却如此不知忌讳，这确实是不学习造成的。如果他从书中看过古人讥讽那些盼母早死以便痛哭尽孝的记载，就不会说出那样的话了。孝为百行之首，尚且要通过学习去培养完善，何况其他的事呢！

梁元帝尝为吾说："昔在会稽①，年始十二，便已好学。时又患疥，手不得拳，膝不得屈。闲斋张葛帏②避蝇独坐，银瓯贮山阴甜酒，时复进之，以自宽痛。率意自读史书，一日二十卷，既未师受，或不识一字，或不解一语，要自重之，不知厌倦。"帝子之尊，童稚之逸，尚能如此，况其庶士，冀以自达者哉？

【注释】

①会稽：郡名。
②葛帏：用葛布制成的帷帐。

【译文】

梁元帝曾经对我说："我从前在会稽郡的时候，年纪只有十二岁，就已经喜欢学习了。当时我身患疥疮：手不能握拳，膝不能弯曲。我在闲斋中挂上葛布制成的帐子以挡避蚊蝇，一人独坐，身边的小银盆内装着山阴甜酒，不时喝上几口，以此减轻疼痛。这时我就随意读一些史书，一天读二十卷，由于没有老师传授，遇到不认识的字，不理解的句子，就反复揣摩，从来不知疲倦。"元帝以帝王之子的尊贵，孩童的闲适，尚且能够如此用功，何况那些希望通过学习以求显达的读书人呢？

古人勤学，有握锥投斧①，照雪聚萤，锄则带经，牧则编简，亦为勤笃。梁世彭城刘绮，交州刺史勃之孙，早孤家贫，灯烛难办，常买荻尺寸折之，然明夜读。孝元初出会稽，精选寮寀②，绮以才华，为国常侍兼记室，殊蒙礼遇，终于金紫光禄。义阳朱詹，世居江陵，后出扬都，好学，家贫无资，累日不爨③，乃时吞纸以实腹。寒无毡被，抱犬而卧，犬亦饥虚，起行盗食，呼之不至，哀声动邻，犹不废业，卒成学士，官至镇南录事参军，为孝元所礼。此乃不可为之事，亦是勤学之一人。东莞臧逢世，年二十余，欲读班固《汉书》，苦假借不久，乃就姊夫刘缓乞丐客刺④书翰纸末，手写一本，军府服其志尚，卒以《汉书》闻。

【注释】

①握锥：指战国时苏秦以锥刺股之事。投斧：指文党投斧求学之事。

②察案：官吏。

③爨：烧火煮饭。

④客刺：名刺，名片。

【译文】

古人勤奋好学，有用锥子刺大腿以防止瞌睡的苏秦；有投斧于高树、下决心到长安求学的文党；有映雪勤读的孙康；有用袋子收聚萤火虫用来照读的车胤；汉代的倪宽、常林耕种时也不忘带上经书；还有路温舒，在放羊时就摘蒲草截成小简，用来写字，他们都是勤奋学习的人。梁朝彭城的刘绮，是交州刺史刘勃的孙子，从小死了父亲，家境贫寒无钱购买灯烛，就买来荻草，把它的茎折成尺把长，点燃后用来照明夜读。梁元帝任会稽太守时，精心选拔了一批官吏，刘绮以自己的才华，被选任为太子府中的国常侍兼记室，深受梁元帝的器重，最后官至金紫光禄大夫。义阳的朱詹，祖居江陵，后来到了建业，他十分勤学，但家中贫穷无钱，有时连续几天都不能生火煮饭，就经常吞食废纸充饥。天冷没有被盖，就抱着狗取暖睡觉。狗也饿得受不了，就跑到外面去偷东西吃，朱詹大声呼唤也不见它回家，那哀痛的叫声惊动四邻。尽管如此，他依旧没有荒废学业，终于成为学士，官至镇南录事参军，受到梁元帝的礼遇。这不是一般人所能做到的，也是一个勤学的典型。东莞人臧逢世，二十多岁时，想读班固的《汉书》，但苦于借来的书不能长久阅读，就向姐夫刘缓要来名片、书札的边幅纸头,亲手抄得一本。军府中的人都佩服他的志气,后来他终于因研究《汉书》而闻名于世。

齐有宦者内参①田鹏鸾,本蛮人也。年十四五,初为阉寺②,便知好学,怀袖握书,晓夕讽诵。所居卑末,使役苦辛,时伺间隙,周章③询请。每至文林馆④,气喘汗流,问书之外,不暇他语。及睹古人节义之事,未尝不感激沉吟久之。吾甚怜爱,倍加开奖。后被赏遇,赐名敬宣,位至侍中开府。后主之奔青州,遣其西出,参伺动静,为周军所获。问齐主何在,绐⑤云:"已去,计当出境。"疑其不信,欧捶服之,每折一支⑥,辞色愈厉,竟断四体而卒。蛮夷童丱,犹能以学成忠,齐之将相,比敬宣之奴不若也。

【注释】

①内参:太监。

②阉寺:阉人和寺人,古代宫中掌管门禁的官。后指宦官。

③周章:周游。

④文林馆:官署名。

⑤绐:欺骗。

⑥欧:同"殴",捶击。支:同"肢",肢体。

【译文】

北齐有位太监叫田鹏鸾，本是少数民族人。年纪有十四五岁，起初入宫当宦官时，就知道好学，身上带着书，早晚诵读。他所处的地位十分低下，差役非常辛苦，但他仍然经常利用空闲时间，四处请教。每次到文林馆，气喘吁吁，汗流浃背，除了请教书中不懂的地方外，顾不得讲其他的话。每当他看到古人讲气节、重义气的事，就十分激动，赞叹不已，心情久久不能平静。我很喜欢他，对他倍加开导鼓励。后来他得到皇帝的赏识，赐名为敬宣，职位升到了侍中开府。齐后主逃往青州的时候，派他前往西边去侦察动静，结果被北周军队俘获。周军问他后主在什么地方？田鹏鸾欺骗他们说："已经逃走了，恐怕已经出境了。"周军不相信他的话，严加拷打他，企图使他屈服；他的四肢每被打断一条，他的声音和神色就越是严厉，最后终被打断了四肢而死。一个少数民族的孩子，尚且能够通过学习变成忠臣，北齐的将相们，连敬宣这样的奴才都不如。

邺平之后，见徙入关。思鲁尝谓吾曰："朝无禄位，家无积财，当肆筋力，以申供养。每被课笃①，勤劳经史，未知为子，可得安乎？"吾命之曰："子当以养为心，父当以学为教。使汝弃学徇财，丰吾衣食，食之安得甘？衣之安得暖？若务先王之道，绍家世之业，藜羹缊褐②，我自欲之。"

【注释】

①笃：同"督"，督促。

②藜羹：用嫩藜煮成的羹，这里指粗劣的食物。缊褐：指贫者穿的粗陋衣服。

【译文】

邺城被北周军队平定之后，我们被迫迁徙到关内。那时思鲁曾对我说："我们在朝廷没人当官，家里也没有积财，我应当尽力干活赚钱，以此尽供养之责。现在，我却常被督促着读书，致力于经史之学，你难道不知道我这做儿子的，如何能够安心学习呢？"我教导他说："当儿子的固然应当把供养之责放在心上，当父亲的却应当把子女的教育作为根本大事。如果让你放弃学业去赚取钱财，使我丰衣足食，那么，我吃起饭来怎么会感到香甜，穿起衣来怎么会感到温暖呢？如果你致力于先王之道，继承我们家祖辈相传的读书传统，那么，即使吃粗茶淡饭，穿麻布衣衫，我也十分乐意。"

《书》曰："好问则裕。"《礼》云："独学而无友，则孤陋而寡闻。"盖须切磋相起①明也。见有闭门读书，师心自是②，稠人广坐，谬误差失者多矣。《穀梁传》称公子友与莒挐相搏，左右呼曰："孟劳"。孟劳者，鲁之宝刀名，亦见《广雅》。近在齐时，有姜仲岳谓："孟劳者，公子左右，姓孟名劳，多力之人，为国所宝。"与吾苦诤。时清河郡守邢峙，当世硕儒，助吾证之，赧然而伏。又《三辅决录》云，灵帝殿柱题曰："堂堂乎张，京兆田郎。"盖引《论语》，偶以四言，目京兆人田凤也。有一才士，乃言："时张京兆及田郎二人皆堂堂耳。"闻吾此说，初大惊骇，其后寻愧悔焉。

【注释】

①起：启发，开导。

②师心自是：自以为是，固执己见。

【译文】

《尚书》上说："喜欢提问则知识充足"，《礼记》上说："独自学习而没有朋友共同商讨，就会孤陋寡闻"，由此看来，学习要共同切磋，互相启发，才能更加明白。我就见过不少闭门读书，自以为是，在大庭广众之中谬语连篇的人。《穀梁传》叙述公子友与莒挐两人相斗，公子友左右的人呼叫"孟劳"。孟劳是鲁国宝刀的名称，《广雅》中也是这么解释的。最近我在齐国，有位叫姜仲岳的人说："孟劳是公子友身边的人，姓孟，名劳，是位大力士，为鲁国人所看重。"他和我苦苦争辩。当时清河郡守邢峙也在场，他是当今的大学者，帮助我证实了孟劳的真实含义，姜仲岳才红着脸认输。此外，《三辅决录》上说，汉灵帝在宫殿柱子上题字："堂堂乎张，京兆田郎。"这是引用《论语》中的话，而对以四言句式，用来品评京兆人田凤的。有一位才士，却解释成："当时张京兆和田郎二人都是相貌堂堂的。"他听了我的说法后，一开始觉得很惊讶，后来很快就明白过来，对此感到惭愧懊悔。

江南有一权贵，读误本《蜀都赋》注，解"蹲鸱，芋也"，乃为"羊"字；人馈羊肉，答书云："损惠①蹲鸱。"举朝惊骇，不解事义②，久后寻迹，方知如此。元氏之世③，在洛京时，有一才学重臣，新得《史记音》，而颇纰缪，误反"颛顼"④字，顼当为许录反⑤，错作许缘反，遂谓朝士言："从来谬音'专旭'，当音'专翾'耳。"此人先有高名，翕然⑥信行；期年之后，更有硕儒，苦相究讨，方知误焉。

【注释】

①损惠：谢人馈送礼物的敬辞。意谓对方降低身份而加惠于己。

②事义：此处指以典故比喻事物的意义。

③元氏之世：指北魏。元氏为北魏皇帝之姓。

④颛顼：五帝之一，五帝指黄帝、颛顼、帝喾、尧、舜。颛顼是黄帝的孙子，帝喾是黄帝的曾孙，颛顼的侄子。

⑤反：即反切，是我国古代的一种注音方法。

⑥翕然：聚集的样子。

【译文】

江南有一位权贵，读了误本《蜀都赋》的注解，书中将"蹲鸱，芋也"的"芋"字误解释为"羊"字。有人馈赠他羊肉，他就回信说："谢谢您赐给我蹲鸱。"满朝官员都感到惊诧，不知他用的是什么典故，经过很长时间才弄清楚是怎么回事。北魏时期，有一位博学而身居要职的大臣，他新近得到一本《史记音》，而其中错误很多，给"颛顼"错误地注音，"顼"字应当注音为许录反，却错注为许缘反，这位大臣对朝中官员们说："过去一直把颛顼误读成'专旭'，应该读成'专翾'。"由于这位大臣名气很大，大家当然很信服遵从他的说法。直到一年后，又有一位大学者对这个词的发音苦苦探究研讨，才知道是那位大臣读错了。

《汉书·王莽赞》云："紫色蛙声，余分闰位。"谓以伪乱真耳。昔吾尝共人谈书，言乃王莽形状，有一俊士，自诩史学，名价甚高，乃云："王莽非直鸱目虎吻，亦紫色蛙声。"又《礼乐志》云："给太官挏马酒。"李奇注："以马乳为酒也，揰挏①乃成。"二字并从手。揰挏，此谓撞捣挺挏之，今为酪酒②亦然。向学士又以为种桐时，太官酿马酒乃熟。其孤陋遂至于此。太山羊肃，亦称学问，读潘岳赋"周文弱枝之枣"，为杖策之杖；《世本》"容成造历"，以历为碓磨之磨。

【注释】

①撞捣：上下撞击。

②酪酒：用马牛羊等乳汁制成的酒。

【译文】

《汉书·王莽赞》说："紫色蛙声，余分闰位。"是说王莽以假乱真。过去我曾经和别人谈书籍，其中谈到王莽的长相，有一位聪明能干的人，自诩通晓史学，名声身价很高，他竟然说："王莽不但长得鹰目虎嘴，而且有着紫色的皮肤，青蛙的嗓音。"此外，《礼乐志》上说："给太官桐马酒。"李奇的注解是："以马乳为酒也，撞捣乃成。""捶捣"二字的偏旁都从手。所谓撞捣，这里是说把马奶上下捣击，现在做奶酒也是用这样的方法。刚才提到的那位聪明人又认为李奇注解的意思是：要等到种桐树之时，太官造的马酒才熟。他孤陋寡闻竟然到了这种程度。太山的羊肃，也称得上有学问的人，他读潘岳赋中"周文弱枝之枣"一句，把"枝"字读作"杖策"的"杖"字；《世本》中有"容成造历"句，他将"历"字认作"碓磨"的"磨"字。

谈说制文，援引古昔，必须眼学，勿信耳受。江南闾里①间，士大夫或不学问，羞为鄙朴，道听途说，强事饰辞：呼徵质为周、郑，谓霍乱为博陆，上荆州必称陕西，下扬都言去海郡，言食则餬口②，道钱则孔方③，问移则楚丘，论婚则宴尔，及王则无不仲宣，语刘则无不公幹。凡有一二百件，传相祖述④，寻问莫知原由，施安时复失所⑤。庄生有乘时鹊起之说，故谢朓诗曰："鹊起登吴台。"吾有一亲表，作《七夕》诗云："今夜吴台鹊，亦共往填河。"《罗浮山记》云："望平地树如荠。"故戴嵩诗云："长安树如荠。"又邺下有一人《咏树》诗云："遥望长安荠。"又尝见谓矜诞为夸毗⑥，呼高年为富有春秋⑦，皆耳学之过也。

【注释】

①闾里：里巷，古时平民聚居之处。

②馎口：寄食。

③孔方：钱的代称。

④祖述：效法遵循前人的行为或学说。

⑤失所：使用不当。

⑥夸毗：以阿谀卑屈取媚他人。

⑦富有春秋：指年轻。春秋，指年数。

【译文】

谈话写文章，援引古代的事例，必须是自己亲眼看到的，而不要相信传闻之辞。江南民间，有些士大夫不肯学习，又羞于被视为没有学问之人，就把一些道听途说的东西拿来装饰门面。比如，把徵质呼为周、郑，把霍乱叫作博陆，上荆州一定要说成上陕西，下扬都说成是去海郡，把吃饭说成糊口，把钱称为孔方，把迁徙之处讲成楚丘，把婚姻说成宴尔，讲到姓王的人无不称为仲宣，谈起姓刘的人无不呼作公干。像这类说法不下一二百种，士大夫们互相沿袭，互相影响。一旦问起这些"典故"的缘由，没有一个能答出来；用于言谈文章，常常驴唇不对马嘴。庄子有乘时鹊起的说法，所以谢朓的诗中就说："鹊起登吴台。"我有一位表亲，作的一首《七夕》诗中说："今夜吴台鹊，亦共往填河。"《罗浮山记》中说："望平地树如荠。"所以戴暠的诗就说："长安树如荠。"而邺下有一个人的《咏树》诗又说："遥望长安荠。"我还曾经见过有人把矜诞解释为夸毗，称年老为富有春秋，这些都是相信道听途说造成的。

夫文字者，坟籍根本。世之学徒，多不晓字：读《五经》者，是徐邈而非许慎；习赋诵者，信褚诠而忽吕忱；明《史记》者，专徐、邹而废篆籀①；学《汉书》者，悦应、苏而略《苍》《雅》。不知书音是其枝叶，小学②乃其宗系。至见服虔、张揖音义则贵之，得《通俗》《广雅》而不屑。一手之中，向背如此，况异代各人乎？

【注释】

①篆籀：篆书。

②小学：汉代为文字训诂学的专称，隋唐后是文字

学、训诂学、音韵学的总称。

【译文】

文字是书籍的根本。如今世上求学的人，大多不通字义：通读《五经》的人，肯定徐邈而非议许慎；学习辞赋的人，信奉褚诠而忽略吕忱；尊崇《史记》的人，只对徐野民、邹诞生的《史记音义》这类书感兴趣，却废弃了对篆文字义的钻研；学习《汉书》的人，喜欢应劭、苏林的注解，而忽略了《仓颉篇》和《尔雅》。他们不知道语音只是文字的枝叶，而字义才是文字的根本。有些人甚至只看重服虔、张揖有关音义的书，而对同样由这两人写的《通俗文》《广雅》却不屑一顾。对同一人写的著作竟然如此厚此薄彼，何况对不同时代、不同人的著作呢？

夫学者贵能博闻也。郡国山川，官位姓族，衣服饮食，器皿制度，皆欲根寻，得其原本；至于文字，忽不经怀①，己身姓名，或多乖舛②，纵得不误，亦未知所由。近世有人为子制名：兄弟皆山傍立字，而有名峙者，兄弟皆手傍立字，而有名机者；兄弟皆水傍立字，而有名凝者。名儒硕学，此例甚多。若有知吾钟之不调，一何③可笑。

【注释】

① 忽：轻视。经怀：留心。
② 乖舛：违背，错乱。

③一何：多么。

【译文】

求学的人都以广学博闻为贵。他们对于郡国山川、官位姓族、衣服饮食、器皿制度，都希望寻根究底，找出它的源头来；但对于文字，却漫不经心，自家的姓名，也往往出现谬误，即使不出错误的，也不知道它的由来。近代有些人给孩子起名：兄弟几个的名字都用"山"做偏旁，其中就有取名为"峙"的；兄弟几个的名字都用"手"做偏旁，其中就有取名为"机"的；兄弟几个的名字都用"水"做偏旁，其中就有取名为"凝"的。在那些知名的大学者中，这样的例子也很多。如果他们明白这与晋平公的乐工听不出钟的乐音不协调是一回事的话，就会觉得这是多么可笑。

吾尝从齐主幸并州，自井陉关入上艾县，东数十里，有猎闾村，后百官受马粮在晋阳东百余里亢仇城侧。并不识二所本是何地，博求古今，皆未能晓。及检《字林》《韵集》，乃知猎闾是旧䎱余聚，亢仇旧是䭗飢亭，悉属上艾。时太原王劭欲撰乡邑记注，因此二名闻之，大喜。

【译文】

我曾经跟从北齐文宣帝到并州去，从井陉关进入上艾县，从那里往东几十里，有一个猎闾村。后来，百官又在晋阳以东百余里的亢仇城旁接受马匹粮草。大家都不知道上述两个地方原本是哪里，广泛查阅古今书籍，都没有弄明白。直到我翻检《字林》《韵集》这两本书，才知道猎间就是过去的㹱余聚，亢仇就是䜛钒亭，它们都属于上艾县。当时太原的王劭想撰写乡邑记注，我把这两个旧地名告诉了他，他非常高兴。

校定书籍，亦何容易，自扬雄、刘向，方称此职耳。观天下书未遍，不得妄下雌黄①。或彼以为非，此以为是；或本同末异；或两文皆欠②，不可偏信一隅也。

【注释】

①雌黄：古人以黄纸写字，有误，则以雌黄涂去。因此称改易文字为雌黄。

②欠：不足。

【译文】

校订书籍，是很不容易的，只有扬雄、刘向这类人才算是能胜任这个工作。如果天下的书籍没有看遍，就不能妄加改动书籍的文字。有时那个版本认为是错误的，这个又认为是正确的；有时两个版本大同小异；有时，两个版本的同一处文字都有偏颇，所以不可以偏信一个方面。

文章第九

夫文章者,原出"五经":诏命策檄,生于《书》者也;序述论议,生于《易》者也;歌咏赋颂,生于《诗》者也;祭祀哀诔①,生于《礼》者也;书奏②箴铭,生于《春秋》者也。朝廷宪章,军旅誓诰③,敷显仁义,发明功德,牧民④建国,施用多途。至于陶冶性灵,从容讽谏,入其滋味,亦乐事也。行有余力,则可习之。

【注释】

①祭祀哀诔:均为古代哀祭类文体名。

②书奏:指古时臣下向朝廷上的书简、奏章等。

③誓:誓言、誓约。诰:用于告诫或勉励的文体。

④牧民:治理百姓。

【译文】

文章都起源于《五经》:诏、命、策、檄,是从《尚书》中产生的;序、述、论、议,是从《易经》中产生的;歌、咏、赋、颂,是从《诗经》中产生的;祭、祀、哀、诔,是从《礼记》中产生的;书、奏、箴、铭,是从《春秋》中产生的。朝廷的典章制度,军队里的誓、诰之辞,传布显扬仁义,阐发彰明功德,治理百姓,统治国家，文章的用途是多种多样的。至于以文章陶冶情操，或对别人婉言劝谏，或深入体会其中的含义，也是一件快乐的事。在奉行忠孝仁义尚有过剩精力的情况下，也可以学学这类文章。

然而自古文人，多陷轻薄：屈原露才扬己，显暴君过；宋玉体貌容冶，见遇俳优；东方曼倩，滑稽不雅；司马长卿，窃赀无操；王褒过章《僮约》；扬雄德败《美新》；李陵降辱夷虏；刘歆反复莽世；傅毅党附权门；班固盗窃父史；赵元叔抗竦过度；冯敬通浮华摈压；马季长佞媚获诮；蔡伯喈同恶受诛；吴质诋忤乡里；曹植悖慢犯法；杜笃乞假无厌；路粹隘狭已甚；陈琳实号粗疏；繁钦性无检格；刘桢屈强输作；王粲率躁见嫌；孔融、祢衡，诞傲致殒；杨修、丁廙，扇动取毙；阮籍无礼败俗；嵇康凌物凶终；傅玄忿斗免官；孙楚矜夸凌上；陆机犯顺履险；潘岳干没取危；颜延年负气摧黜；谢灵运空疏乱纪；王元长凶贼自诒；谢玄晖侮慢见及。凡此诸人，皆其翘秀者，不能悉纪，大较如此。

【译文】

但是自古以来，文人多陷于轻薄：屈原表露才华，自我宣扬，暴露国君的过失；宋玉相貌冶艳，被人看作俳优；东方朔言行滑稽，缺乏雅致；司马相如窃取钱财，不讲节操；王褒的过失见于《僮约》；扬雄的品德坏于《美新》；李陵向匈奴俯首投降，辱没尊严；刘歆在王莽执政时反复无常；傅毅投靠依附权贵；班固剽窃父亲写的史书；赵壹为人过分倨傲；冯衍因秉性浮华屡遭压抑；马融谄媚权贵遭人讥讽；蔡邕结交恶人遭到惩罚；吴质在乡里仗势横行；曹植傲慢不驯，触犯法纪；杜笃向人索借，不知满足；路粹心胸过分狭隘；陈琳太过粗略疏忽；繁钦不知检点约束；刘桢性情过分倔强；王粲轻率急躁，遭人嫌弃；孔融、祢衡放诞倨傲，招致杀身之祸；杨修、丁廙煽动生事，自取灭亡；阮籍蔑视礼教，伤风败俗；嵇康盛气凌人，不得善终；傅玄负气争斗，被免掉官职；孙楚恃才自负，触怒上司；陆机违反正道，自走绝路；潘岳唯利是图，不知进退，自取倾危；颜延年意气用事，遭到废黜；谢灵运空放粗略，扰乱朝纪；王元长叛逆作乱，咎由自取；谢朓轻侮怠慢他人，因而遭到陷害。以上这些人，都是文人中出类拔萃之辈，不能全都记载下来，大致都是这样。

至于帝王，亦或未免。自昔天子而有才华者，唯汉武、魏太祖、文帝、明帝、宋孝武帝，皆负世议，非懿德①之君也。自子游、子夏、荀况、孟轲、枚乘、贾谊、苏武、张衡、左思之俦，有盛名而免过患者，时复闻之，但其损败居多耳。每尝思之，原其所积，文章之体，标举兴会，发引性灵，使人矜伐，故忽于持操，果于进取。今世文士，此患弥切，一事惬当，一句清巧，神厉九霄，志凌千载，自吟自赏，不觉更有傍人。加以砂砾所伤，惨于矛戟，讽刺之祸，速乎风尘，深宜防虑，以保元吉②。

【注释】

①懿德：美德。

②元吉：大福。

【译文】

至于帝王，有时也难幸免。自古以来身为天子而有才华的，只有汉武帝、魏太祖、魏文帝、魏明帝、宋孝武帝等人，他们都遭到世人的议论，并不是具有美德的君王。像子游、子夏、荀况、孟轲、枚乘、贾谊、苏武、张衡、左思这类人，有盛名而又能避免祸患的，也时常能听说，只是经历艰辛磨难的还是占多数。我常常思考这个问题，推究其中所蕴含的道理，文章的本质就是揭示兴致感受，抒发性情，这就容易使人恃才自夸，因而忽视操守，勇于追求名利。在现代的文人身上，这个毛病更加严重，他们若是一个典故用得快意妥当，一句诗文写得清新巧妙，就神采飞扬直达九霄，心高气傲雄视千载，独自吟诵叹赏，旁若无人。再加上沙砾给人带来的伤害，比矛、戟等武器造成的伤害更严重，讽刺别人招来的祸患，比风雷来得还要迅速，应该特别加以防备，以保大福。

学问有利钝，文章有巧拙。钝学累功，不妨精熟；拙文研思，终归蚩鄙。但成学士，自足为人。必乏天才，勿强操笔。吾见世人，至无才思，自谓清华，流布丑拙，亦以众矣，江南号为呤痴符①。近在并州，有一士族，好为可笑诗赋，诮擎②邢、魏诸公，众共嘲弄，虚相赞说，便击牛酾酒，招延声誉。其妻，明鉴妇人也，泣而谏之。此人叹曰："才华不为妻子所容，何况行路③！"至死不觉。自见之谓明，此诚难也。

【注释】

①呤痴符：古代方言，指没有才学而好夸耀的人。

②诮擎：戏言嘲弄。

③行路：与己不相干的人。

【译文】

做学问有敏捷与迟钝之别，写文章有精巧与拙劣之别。做学问迟钝的人不断努力，可以做到精通熟练；文章拙劣的人尽管反复钻研思考，其文章还是难免粗野鄙陋。只要能成为有学之士，也足以在世上为人了。如果确实缺乏写作天分，就不要勉强去写文章。我看世上有些人，一点才思也没有，却自称他的文章清丽华美，让丑陋拙劣的文章到处流传，这种人实在是太多了，江南称他们为呤痴符。最近在并州有一位士族，喜欢写一些可笑的诗赋，与邢邵、魏收等人戏言谈笑，大家都来嘲弄这位士族，假意称赞他的诗赋，他便信以为真，杀牛斟酒准备请客招延名声。他的妻子是一位明白事理的人，哭着劝他别这样做。这位士族叹息说："我的才华不被妻子所容，何况不相干的人呢？"他至死也没有觉悟。自己看清自己才可称得上聪明，这确实不容易做到啊。

学为文章，先谋亲友，得其评裁，知可施行，然后出手；慎勿师心自任，取笑旁人也。自古执笔为文者，何可胜言。然至于宏丽精华，不过数十篇耳。但使不失体裁，辞意可观，便称才士；要须动俗盖世，亦俟河之清乎！

【译文】

学习写文章，应先找亲友征求意见，经过他们的评点，知道怎样写了，然后才动笔写；切莫由着性子自作主张，以致被别人耻笑。自古以来执笔写文章的人多得数不清，但能够称得上宏丽精美文章的，不过几十篇罢了。只要文章没有违背体裁结构，辞意还说得过去，就可以称为才士了；但要使自己的文章惊世骇俗，恐怕要等到黄河变清的那一天才有可能吧！

不屈二姓，夷、齐之节也；何事非君，伊、箕之义也。自春秋已来，家①有奔亡，国有吞灭，君臣固无常分矣；然而君子之交绝无恶声，一旦屈膝而事人，岂以存亡而改虑？陈孔璋居袁裁书，则呼操为豺狼；在魏制檄，则目绍为蛇虺。在时君所命，不得自专，然亦文人之巨患也，当务从容消息②之。

【注释】

①家：此处指卿大夫之家。

②消息：这里是斟酌的意思。

【译文】

不屈身于两个王朝，这是伯夷、叔齐的气节；对任何君主都可侍奉，这是伊尹、箕子的原则。自春秋以来，士大夫家族流亡奔窜，国家被吞并灭亡，君臣之间也没有固定的名分了。然而君子之间交往虽然断绝，相互之间却不该发出辱骂之声，一旦屈膝侍奉于人，怎么能够因为故主的灭亡而改变自己的立场呢？陈孔璋在袁绍手下时撰文，就称曹操为豺狼；在魏国做官时写檄文，则称袁绍为蛇蝎。当然这是受命于君王，身不由己，但这也是文人的大毛病，应该好好地斟酌一番。

齐世有席毗者，清干之士，官至行台尚书，嗤鄙文学，嘲刘逖云："君辈辞藻，譬若荣华①，须臾之玩，非宏才也；岂比吾徒千丈松树，常有风霜，不可凋悴②矣！"刘应之曰："既有寒木，又发春华，何如也？"席笑曰："可哉！"

【注释】

①荣华:草木茂盛、开花。

②凋悴:枯败凋落。

【译文】

齐朝有位叫席毗的人,为人清廉干练,官至行台尚书。他鄙视文学,曾经嘲讽刘逖说:"你们这些人的辞藻,就好比是开放的花朵一般,只能供人片刻赏玩,不是栋梁之材;哪能比得上像我们这样的千丈松树,虽然常有风霜侵袭,也不会凋零!"刘逖回答道:"若既是耐寒的树木,又能在春天开放花朵,怎么样呢?"席毗笑着说:"那当然好啊!"

凡为文章,犹人乘骐骥①,虽有逸气,当以衔勒②制之,勿使流乱轨躅③,放意填坑岸也。

文章当以理致④为心肾,气调为筋骨,事义为皮肤,华丽为冠冕。今世相承,趋末弃本,率多浮艳。辞与理竞,辞胜而理伏;事与才争,事繁而才损。放逸者流宕⑤而忘归,穿凿者补缀而不足。时俗如此,安能独违?但务去泰去甚耳。必有盛才重誉,改革体裁者,实吾所希。

【注释】

①骐骥:日行千里的良马。

②衔:御马之具,横在马口中备抽勒的铁。勒:套在

马头上带嚼口的笼头。

③轨躅：本指车辙，引申为法度、规范。

④理致：指作品的思想感情。

⑤流宕：流浪漂泊。

【译文】

凡是写文章，就好比人骑良马，马虽有俊逸之气，也应该用衔勒来控制它，不能让它放任自流，随意乱跑，以致坠入沟壑。

文章应该以义理、情致为心肾，以气韵、格调为筋骨，以叙事、典故为皮肤，以华丽辞藻为冠冕。现在世代传承的文章，反而趋末弃本，大都轻浮华艳，文辞与义理相互比较，则文辞优美而义理薄弱；用典与才思相互争胜，则用典烦琐而才思受损。奔放飘逸的，行文虽然酣畅却远离了主题，过于拘束的，材料堆砌却文采不足。现在的风气就是如此，个人哪能独自违背呢？只要做到所写文章不过分，不走极端也就可以了。如果能有位才华横溢、声誉极高的人来改革文章的体制，那才是我所盼望的。

古人之文，宏材逸气，体度风格，去今实远；但缉缀疏朴，未为密致耳。今世音律谐靡，章句偶对，讳避精详，贤于往昔多矣。宜以古之制裁为本，今之辞调为末，并须两存，不可偏弃也。

【译文】

古人的文章,才华横溢,气势洒脱,其体态风格,与今天相去甚远。只是它遣词造句简略质朴,不够严密细致。如今的文章音律和谐缠绵,语句工整对称,避讳精确详尽,技巧方面比过去强多了。应该以古人文章的体制构架为根本,以今人文章的词句音调为枝叶,两者同时并存,不可偏废。

吾家世文章,甚为典正,不从流俗;梁孝元在蕃邸时,撰《西府新文》,讫无一篇见录者,亦以不偶于世,无郑、卫之音故也。有诗赋铭诔书表启疏二十卷,吾兄弟始在草土[①],并未得编次,便遭火荡尽,竟不传于世。衔酷[②]茹恨,彻于心髓!操行见于《梁史·文士传》及孝元《怀旧志》。

【注释】

①草土:居丧。古时居父母之丧者睡草席枕土块,故曰草土。

②酷:惨痛,痛恨。

【译文】

我先父的文章,十分典雅纯正,不同于流俗。梁孝元帝为湘东王时,辑录《西府新文》,先父的文章竟没有一篇被收录,这是因为他的文章不合世俗的口味,没有那种浮艳的文风。他留下了诗、赋、铭、诔、书、表、启、疏等各种文体的文章共二十卷，我们兄弟当时正在守丧，没有来得及将文集编排整理，就被大火烧了个精光，最终未能传世。我怀此惨痛遗恨，深入心底！先父的操守品行见于《梁史·文士传》以及孝元帝的《怀旧志》中。

沈隐侯①曰："文章当从三易：易见事，一也；易识字，二也；易读诵，三也。"刑子才常曰："沈侯文章，用事不使人觉，若胸臆②语也。"深以此服之。祖孝徵亦尝谓吾曰："沈诗云：'崖倾护石髓。'此岂似用事邪？"

邢子才、魏收俱有重名，时俗准的③，以为师匠。邢赏服沈约而轻任昉，魏爱慕任昉而毁沈约，每于谈宴，辞色以之。邺下纷纭，各有朋党。祖孝徵尝谓吾曰："任、沈之是非，乃邢、魏之优劣也。"

【注释】

①沈隐侯：即沈约，南朝梁文学家。

②胸臆：心，心怀。

③准的：标准。

【译文】

沈约说："文章应当遵从'三易'的原则：一是用典通俗易懂；二是文字容易识认；三是容易朗读背诵。"刑子才常说："沈约的文章，用典让人难以察觉，就好像直抒胸臆一般。"这一点让他非常佩服。祖孝徵也曾经对我说:"沈约的诗说:'崖倾护石髓。'这句诗难道像在用典吗?"

邢子才和魏收都有盛名,当时的人都习惯于把他们视为标准,奉他们为宗师。邢子才欣赏沈约而轻视任昉,魏收爱慕任昉而诋毁沈约,二人在一起喝酒聊天时常因此争得面红耳赤。邺城的人对此也众说纷纭,二人各有自己的朋党。祖孝徵曾经对我说:"任昉、沈约二人的是非,就代表着邢子才、魏收二人的优劣。"

《吴均集》有《破镜赋》。昔者,邑号朝歌,颜渊不舍;里名胜母,曾子敛襟:盖忌夫恶名之伤实也。破镜乃凶逆之兽,事见《汉书》,为文幸避此名也。比世往往见有和人诗者,题云敬同,《孝经》云:"资于事父以事君而敬同。"不可轻言也。梁世费旭诗云:"不知是耶非。"殷沄诗云:"飘飏云母舟。"简文曰:"旭既不识其父,沄又飘飏其母。"此虽悉古事,不可用也。世人或有文章引《诗》"伐鼓渊渊"者,《宋书》已有屡游之诮;如此流比[1],幸须避之。北面[2]事亲,别舅摛《渭阳》之咏;堂上养老,送兄赋桓山之悲,皆大失也。举此一隅,触涂[3]宜慎。

【注释】

①流比:同类比照类推。

②北面：面向北。古礼，臣拜君，卑幼拜尊长，皆面向北行礼，因而居臣下、晚辈之位曰"北面"。

③触涂：处处。

【译文】

《吴均集》中有《破镜赋》一文。古时候，有座城邑名叫朝歌，颜渊因为这个地名而不在那里停留；有个乡里名叫胜母，曾子到此整理衣襟而走开：他们大概是怕这些不好的名称损伤了事物的实质吧。破镜是一种凶恶的野兽，这在《汉书》里有记载，写文章时最好避开这一类名称。近代常见到有人奉和别人的诗作，在和诗的题目中写有"敬同"二字，《孝经》上说："资于事父以事君而敬同。"可见这两个字是不能随便用的。梁朝费旭的诗中说："不知是耶非。"殷沄的诗说："飘飏云母舟。"简文帝讥讽他俩说："费旭既不认识他的父亲，殷沄又让他的母亲四处飘荡。"这些虽然都是旧事，但也不可以随便引用。有的人在文章中引用《诗经》中"伐鼓渊渊"的诗句，《宋书》对这类不懂反语的人已有所讥讽。诸如此类的事，一定要避开为妙。有人尚在侍奉母亲，与舅舅分别时却吟唱《渭阳》这种思念亡母的诗歌；有人双亲尚健在，送别兄长时却引用"桓山之鸟"这种表现父亡卖子的悲痛的典故，这些都是严重的过失。举这些例子，你们就可以触类旁通了，写文章时应该处处都慎重。

江南文制^①，欲人弹射^②，知有病累，随即改之，陈王得之于丁廙也。山东风俗，不通击难。吾初入邺，遂尝以此忤人，至今为悔；汝曹必无轻议也。

凡诗人之作，刺箴美颂，各有源流，未尝混杂，善恶同篇也。陆机为《齐讴篇》，前叙山川物产风教之盛，后章忽鄙山川之情，殊失厥体。其为《吴趋行》，何不陈子光、夫差乎？《京洛行》，胡不述赧王、灵帝乎？

【注释】

①文制：制文，写文章。

②弹射：用言语指责。这里是指对文章进行批评。

【译文】

江南人写文章，希望别人批评指正，知道毛病所在，立即加以改正，陈思王曹植就从丁廙那里感受过这种风气。山东地区的风俗是不许别人对自己的文章抨击、诘难。我刚到邺城的时候，就曾经因为批评别人的文章而得罪了那人，至今还为此事后悔；你们一定不要轻率地议论别人的文章。

凡诗人的作品，指责的、规谏的、赞美的、歌颂的，各有其源流，从来没有将贬恶扬善的内容混杂在同一诗篇中。陆机作《齐讴篇》，前半部分叙述山川、物产、风俗、教化的兴盛，后半部分突然出现鄙薄山川的情绪，这也太背离此诗的体制了。他写《吴趋行》，为什么又不陈述子光、夫差的事呢？他写《京洛行》，为什么又不提周赧王、汉灵帝的事呢？

自古宏才博学，用事误者有矣；百家杂说，或有不同，书傥湮灭，后人不见，故未敢轻议之。今指知决纰缪者，略举一两端以为诫。《诗》云："有鷕①雉鸣。"又曰："雉鸣求其牡。"《毛传》亦曰："鷕，雌雉声。"又云："雉之朝雊，尚求其雌。"郑玄注《月令》亦云："雊，雄雉鸣。"潘岳赋曰："雉鷕鷕以朝雊。"是则混杂其雄雌矣。《诗》云："孔怀兄弟。"孔，甚也；怀，思也，言甚可思也。陆机《与长沙顾母书》，述从祖弟士璜死，乃言："痛心拔脑，有如孔怀。"心既痛矣，即为甚思，何故方言有如也？观其此意，当谓亲兄弟为孔怀。《诗》云："父母孔迩②。"而呼二亲为孔迩，于义通乎？

【注释】

①鷕：雌雉的鸣叫声。

②迩：近。

【译文】

自古以来，那些才华横溢、博学多识的人，在引用典故时发生错误的大有人在；诸子百家的各种学说，有时对同一事物会有不同的看法，他们的书籍倘若已经失传，后人就无法看到，所以我也不敢对此妄加议论。现在我只说说那些属于绝对错误的事例，略举几个例子让你们引以为戒。《诗经》上说："有鹭雉鸣。"又说："雉鸣求其牡。"《毛传》中也说："鹭，雌雉声。"《诗经》上又说："雉之朝雊，尚求其雌。"郑玄注解的《月令》也说："雊，雄雉鸣。"潘岳的赋却说："雉鹭鹭以朝雊。"这就混淆了雌雄二者的区别。《诗经》上说："孔怀兄弟。"孔，是很的意思；怀，是思念的意思。孔怀的意思是十分想念。陆机的《与长沙顾母书》叙述他的从祖弟士璜之死时，却说："痛心拔脑，有如孔怀。"心里既然感到伤痛，就表示十分思念，为什么还说"有如"呢？看他这句话的意思，大概是把"孔怀"理解为亲兄弟了。《诗经》上说："父母孔迩。"按照陆机的用法，把父母亲叫作"孔迩"，意思上说得通吗？

《异物志》云："拥剑状如蟹，但一螯偏大尔。"何逊诗云："跃鱼如拥剑。"是不分鱼蟹也。《汉书》："御史府中列[1]柏树，常有野鸟数千，栖宿其上，晨去暮来，号朝夕鸟。"而文士往往误作乌鸢用之。《抱朴子》说项曼都诈称得仙，自云："仙人以流霞一杯与我饮之，辄不饥渴。"而简文诗云："霞流抱朴碗。"亦犹郭象以惠施之辨为庄周言也。《后汉书》："因司徒崔烈以银铛[2]锁。"银铛，大锁也；世间多误作金银字。武烈太子亦是数千卷学士，尝作诗云："银锁三公脚，刀撞仆射头。"为俗所误。

105

【注释】

①列:栽种。

②银铛:刑具,铁锁链。

【译文】

《异物志》上说:"拥剑的形状像蟹一样,只是有一只螯偏大罢了。"何逊的诗说:"跃鱼如拥剑。"这是没有分清鱼和蟹的区别。《汉书》上说:"御史府中种着成列的柏树,经常有数千只野鸟栖息在上面,这些鸟早晨离去,傍晚时飞来,因而被称为朝夕鸟。"而文人们往往把它们误作"乌鸢"来使用。《抱朴子》中记载项曼都诈称自己遇见了仙人,自言道:"仙人拿一杯流霞给我喝,我就不觉得饥渴了。"而梁简文帝的诗中说:"霞流抱朴碗。"这就像郭象把惠施辩说的话当成庄周的话一样了。《后汉书》中说:"囚司徒崔烈以锒铛锁。"锒铛,就是大的铁锁链,世上的人大多把"锒"字误作金银的"银"字。武烈太子也是饱读数千卷书的学者了,他曾经作诗说:"银锁三公脚,刀撞仆射头。"这是受世俗的影响而造成的错误。

文章地理,必须惬当。梁简文《雁门太守行》乃云:"鹅①军攻日逐,燕骑荡康居,大宛归善马,小月送降书。"萧子晖《陇头水》云:"天寒陇水急,散漫俱分泻,北注徂黄龙,东流会白马。"此亦明珠之颣②,美玉之瑕,宜慎之。

【注释】

①鹅:古阵名。

②颣:原指丝上的疙瘩,引申为毛病、缺点。

【译文】

文章中有关地理的内容,必须使用恰当。梁简文帝的《雁门太守行》竟说:"鹅军攻日逐,燕骑荡康居,大宛归善马,小月送降书。"萧子晖的《陇头水》说:"天寒陇水急,散漫俱分泻,北注徂黄龙,东流会白马。"这些都是明珠上的小毛病,美玉上的小瑕疵,应该慎重对待。

名实第十

名之与实①,犹形之与影也。德艺周厚②,则名必善焉;容色姝丽,则影必美焉。今不修身而求令名于世者,犹貌甚恶而责妍影于镜也。上士忘名,中士立名,下士窃名。忘名者,体道③合德,享鬼神之福祐,非所以求名也;立名者,修身慎行,惧荣观④之不显,非所以让名也;窃名者,厚貌深奸,干浮华之虚称⑤,非所得名也。

【注释】

①名:名声。实:实质,实际。

②德艺:德行才艺。周厚:周洽笃厚。

③道:事理,规律。

④荣观:荣名,荣誉。

⑤干:谋求。虚称:虚名。

【译文】

名声之于实际,就像形体之于影像。德才全面深厚的人,名声必然美好;容貌秀丽的人,则影像也必然美丽。现在某些人不注重身心修养,却企求在世上有个好名声,就好比容貌丑陋却要求漂亮的影像出现在镜子中一样。德行高的人不顾名声,一般人努力扬名,没有德行的人竭力窃取名声。忘掉名声的人,能够认识事物的规律,使言行符合道德规范,因而享受鬼神的赐福和保佑,他们并不是靠追求而得到名声的;树立名声的人,努力提高品德修养,谨慎行事,担心自己的荣名不能得到显扬,他们对名声是不会谦让的;窃取名声的人,貌似忠厚而心怀大奸,求取奢华的虚名,他们是不会得到好名声的。

人足所履,不过数寸,然而咫尺之途,必颠蹶①于崖岸,拱把之梁②,每沉溺于川谷者,何哉?为其旁无余地故也。君子之立己,抑亦如之。至诚之言,人未能信,至洁之行,物或致疑,皆由言行声名,无余地也。吾每为人所毁,常以此自责。若能开方轨③之路,广造舟④之航,则仲由之言信,重于登坛之盟,赵熹之降城,贤于折冲之将矣。

【注释】

①颠蹶:颠仆、跌倒。

②拱把之梁:两只手合围为拱,一只手所握为把。拱把之梁,即独木桥。

③方轨:两车并行。

④造舟:连船为桥,即今之浮桥。

【译文】

人的双脚所踩踏的范围,宽不过几寸,然而在咫尺宽的山道上行走，一定会失足掉下山崖；从独木桥上过河，也往往会掉入河中。这是为什么呢？因为脚边没有可活动的余地。君子立身行事，大概就和这种情况一样。最诚实的话，人们不一定相信；最高尚的行为，人们或许还会产生怀疑。这都是因为人的言行、名声没留余地造成的。当我被别人诋毁时，就常常以此自责。如果在立身处世上做到像走在平坦的大道、广阔的浮桥上一样留有余地，那么你所说的话就能像仲由说的那样真实可信，胜过诸侯登坛结盟的誓约；你所做的事就像赵熹那样劝降敌城，赛过冲锋陷阵的大将。

吾见世人，清名登而金贝①入，信誉显而然诺亏，不知后之矛戟，毁前之干橹②也。虑子贱云："诚于此者形于彼③。"人之虚实真伪在乎心，无不见乎迹，但察之未熟耳。一为察之所鉴，巧伪不如拙诚，承之以羞大矣。伯石让卿，王莽辞政，当于尔时，自以巧密；后人书之，留传万代，可为骨寒毛竖也。近有大贵，以孝著声，前后居丧，哀毁④逾制，亦足以高于人矣。而尝于苦块⑤之中，以巴豆涂脸，遂使成疮，表哭泣之过。左右僮竖，不能掩之，益使外人谓其居处饮食，皆为不信。以一伪丧百诚者，乃贪名不已故也。

【注释】

①金贝：指货币。

②干橹：盾牌。

③诚于此者形于彼：在这件事上态度诚实，就给另一件事树立了榜样。

④哀毁：哀痛使身体容貌都受到损害。

⑤苫块：寝苫枕块的略称。古人居父母之丧，以草垫为席，土块为枕。

【译文】

我看世上有些人，在清白的名声树立之后，就聚敛财富，在信誉显扬之后，就不再信守诺言，不知道后来的行为可以毁掉前面建立起来的名声。虙子贱说过："在这件事上做得真诚，就给另一件事树立了榜样。"人的虚实真伪都发自内心，没有不在形迹中显露出来的，只是别人没有仔细观察罢了。一旦被别人看出了真相，那么，巧妙的伪装还不如笨拙不加掩饰的真实，虚伪的人蒙受的羞辱就大了。伯石再三辞让卿位，王莽也曾一再辞谢大司马之职，当时，他们都自以为做得巧妙周密。后人把他俩的言行记载下来，留传万代，让人读后为之毛骨悚然。最近有位大官，以孝顺闻名，在守丧期间异常悲伤，其孝心可说是超乎常人了。但在守丧期间，他把巴豆涂在脸上，使脸上长出了疮疤，以造成哀痛悲泣过度的假象。他身边的仆人没有遮掩此事，传扬开去，使得外人对他服丧时的居住饮食等其他行为，都产生了怀疑。因为一件事情作假而毁掉了百件事情的真诚，这是因为贪求名声不知满足的缘故啊!

有一士族,读书不过二三百卷,天才钝拙,而家世殷厚,雅①自矜持,多以酒犊珍玩,交诸名士,甘其饵者,递共吹嘘,朝廷以为文华,亦尝出境聘②。东莱王韩晋明笃好文学,疑彼制作,多非机杼③,遂设宴言,面相讨试。竟日欢谐,辞人满席,属音赋韵,命笔为诗,彼造次④即成,了非向韵。众客各自沉吟,遂无觉者。韩退叹曰:"果如所量!"韩又尝问曰:"玉珽⑤杼上终葵首,当作何形?"乃答云:"珽头曲圜,势如葵叶耳。"韩既有学,忍笑为吾说之。

【注释】

①雅:素常,向来。

②聘:古代国与国之间通问修好。

③机杼:织布机,用以比喻诗文创作中构思和布局的新巧。

④造次:轻率,急遽。

⑤珽:即玉笏,为古代朝臣所持的玉质手板。

【译文】

有一位士家子弟,读的书不过二三百卷,又天性鲁钝笨拙,但家世殷实富有,骄矜自负,经常以酒肉珍宝来结交名士,得到他好处的人,就争相吹捧他。朝廷以为他真的文才出众，曾聘他出去做官。东莱王韩晋明非常爱好文学，怀疑这位士族的作品大都不是出自他自己的手笔，就设宴与他交谈，想当面请教试探他。宴会那天，气氛欢乐和谐，文人雅士济济一堂，大家按声韵提笔写诗。这位士族很快就写好了，但那诗歌完全不是过去的风格韵味。众宾客尚在各自沉吟思考，没有看出其中的异常。韩晋明退席后感叹道："果然如我猜想的那样！"韩晋明曾经问这人说："玉珽杼上终葵首，应该是什么形状呢？"他却回答说："玉珽的头部弯曲圆转，那样子就像葵叶一样。"韩晋明是有学问的人，忍着笑向我说了这件事。

　　治点①子弟文章，以为声价，大弊事也。一则不可常继，终露其情；二则学者有凭，益不精励。

　　邺下有一少年，出为襄国令，颇自勉笃。公事经怀，每加抚恤，以求声誉。凡遣兵役，握手送离，或赍梨枣饼饵②，人人赠别，云："上命相烦，情所不忍；道路饥渴，以此见思。"民庶称之，不容于口。及迁为泗州别驾，此费日广，不可常周，一有伪情，触涂难继，功绩遂损败矣。

【注释】

①治点：修改润色。

②赍：送东西给别人。饵：糕饼。

【译文】

　　修改润饰子弟的文章，以此抬高他们的身价，这是最糟糕的事。一来因为这种事不可能长久持续下去,终归有露出真相的时候;二来因为初学者一看有了依靠,就越发不去努力钻研了。

邺下有一位年轻人,出任襄国县令,十分勤勉踏实。他处理公务时尽心尽力,对下属体恤爱护,以此博得好名声。每当派遣兵役时,他就去握手送别,又向服役的人赠送梨子、枣子、糕饼等食品,与每个人都告别一番:"上级的命令,有劳各位了,心中实在不忍;你们路上难免饥渴,特送这点薄礼略表我的心意。"百姓们因此称颂他,对他赞不绝口。等到他升任泗州别驾的时候,这类费用就越来越多,不可能每次都做得很周到。一旦表现出虚情假意,就处处难以继续下去,以前的名声也随之被毁坏了。

或问曰:"夫神灭形消,遗声余价,亦犹蝉壳蛇皮,兽迒①鸟迹耳,何预于死者,而圣人以为名教乎?"对曰:"劝也。劝其立名,则获其实。且劝一伯夷,而千万人立清风矣;劝一季札,而千万人立仁风矣;劝一柳下惠,而千万人立贞风矣;劝一史鱼,而千万人立直风矣。故圣人欲其鱼鳞凤翼,杂沓参差,不绝于世,岂不弘哉?四海悠悠,皆慕名者,盖因其情而致其善耳。抑又论之,祖考之嘉名美誉,亦子孙之冕服墙宇②也,自古及今,获其庇荫者亦众矣。夫修善立名者,亦犹筑室树果,生则获其利,死则遗其泽。世之汲汲者,不达此意,若其与魂爽③俱升,松柏偕茂者，惑矣哉！"

【注释】

①迒：鸟兽或车辆经过的痕迹。

②冕服墙宇：衣帽房屋，代指上辈留下的遗产。

③魂爽：即魂魄。

【译文】

有人问道："一个人的灵魂湮灭，形体消失之后，遗留在世上的名声，也就像蝉蜕下的壳、蛇蜕掉的皮以及鸟兽留下的足迹一样了，与死者有什么关系，而圣人却用它来教化百姓？"我回答说："那是为了勉励大家啊！勉励一个人去树立好的名声，就能得到实效。况且我们勉励人们向伯夷学习，成千上万的人就可以树立起清正的风气了；勉励人们向季札学习，成千上万的人就可以树立起仁爱的风气了；勉励人们向柳下惠学习，成千上万的人就可以树立起坚贞的风气了；勉励人们向史鱼学习，成千上万的人就可以树立起正直的风气了。所以圣人希望这类有美好名声的人不断出现，美名一直流传在世上，这难道不是一件大事吗？芸芸众生都爱慕名声，应该根据他们的这种感情而引导他们走上善道。或许还可以这样说，祖先的好名声，就好比是子孙的冠冕服饰和豪华宅院，从古到今，得到它的庇荫的人实在太多了。那些多行善事以树立名声的人，就好比是建筑房屋栽种果树，活着时能得到好处，死后又能泽被子孙。那些急功近利的人，就不明白这个道理。他们死后，如果他们的名声能够与魂魄一道升天，能够同松柏一样长青不衰的话，那就让人奇怪了！"

涉务第十一

　　士君子之处世，贵能有益于物耳，不徒高谈虚论，左琴右书，以费人君禄位也。国之用材，大较不过六事：一则朝廷之臣，取其鉴达治体①，经纶博雅；二则文史之臣，取其著述宪章，不忘前古；三则军旅之臣，取其断决有谋，强干习事；四则藩屏②之臣，取其明练风俗，清白爱民；五则使命之臣③，取其识变从宜，不辱君命；六则兴造之臣，取其程功④节费，开略有术，此则皆勤学守行者所能辨也。人性有长短，岂责具美于六涂⑤哉？但当皆晓指趣，能守一职，便无愧耳。

【注释】

①体：指国家的体制、法度。

②藩屏：藩篱屏蔽，比喻藩国。

③使命之臣：指奉命出使的外交官员。

④程功：衡量功绩，计算完成工程的进度。

⑤六涂：指上文所说的"六事"。

【译文】

　　君子立身处世，贵在有益于人，不能光是高谈阔论，弹琴练字，以此耗费君主的俸禄官位。国家使用的人才，大概不外六种：第一种是朝廷处理政务的大臣，他们能通晓治理国家的体制、法度，学问广博，品德高尚；第二种是掌管文史的大臣，他们能撰述典章，阐释彰明前人治乱兴革之由，使今人不忘前代的经验教训；第三种是统领军队的大臣，他们能多谋善断，强悍干练，熟悉战阵；第四种是驻守边疆的大臣，他们能通晓当地民风民俗，为政廉洁，爱护百姓；第五种是出使外邦的大臣，他们能洞察情况变化，随机应变，不辜负国君交付的使命；第六种是负责兴造的大臣，他们能考核工程节约费用，在节省开支的基础上多做事情。以上种种，都是勤于学习、品行端正的人所能办到的。人的资质各有高下，哪能要求一个人把以上"六事"都办得完美呢？只要对这些都通晓大意，而做好其中的一个方面，也就可以无愧于心了。

古人欲知稼穑①之艰难，斯盖贵谷务本之道也。夫食为民天，民非食不生矣，三日不粒②，父子不能相存。耕种之，茠锄③之，刈获之，载积之，打拂之，簸扬之，凡几涉手，而入仓廪，安可轻农事而贵末业哉？江南朝士，因晋中兴，南渡江，卒为羁旅，至今八九世，未有力田，悉资俸禄而食耳。假令有者，皆信僮仆为之，未尝目观起一垅④土，耘一株苗；不知几月当下，几月当收，安识世间余务乎？故治官则不了，营家则不办，皆优闲不过也。

【注释】

①稼穑：指农事。

②粒：以谷米为食。

③茠：除草。鉏：农具名，即锄。

④坺：耕地时翻起的土块。

【译文】

古人想了解农事的艰难，这大约体现了重视粮食、以农为本的思想。吃饭是民生第一大事，老百姓没有粮食就不能生存，三天不吃饭的话，父子之间也无法相互救助了。种一茬庄稼，要经过耕地、播种、除草、收割、运载、脱粒、扬谷等多道工序，粮食才能入仓，怎么可以轻视农业而重视商业呢？在江南为官的士大夫们，随着晋朝的中兴，南渡过江，最后客居异乡的，到现在也经历八九代了，还从来没有下力气种过田，全靠俸禄生活。即使他们有田产，也都是靠奴仆们耕种，自己从未亲眼见别人翻一次土，种一株苗；他们连几月份播种、几月份收割都不知道，哪能懂得其他事务呢？所以他们做官时不明晓为官之道，理家则不会经营，这都是生活悠闲带来的危害。

省事第十二

铭金人云:"无多言,多言多败;无多事,多事多患。"①至哉斯戒也!能走者夺其翼,善飞者减其指,有角者无上齿,丰后者无前足,盖天道不使物有兼焉也。古人云:"多为少善,不如执一;鼯鼠②五能,不成伎术。"近世有两人,朗悟③士也,性多营综④,略无成名。经不足以待问,史不足以讨论,文章无可传于集录,书迹未堪以留爱玩,卜筮⑤射六得三,医药治十差⑥五,音乐在数十人下,弓矢在千百人中,天文、画绘、棋博,鲜卑语、胡书,煎胡桃油,炼锡为银,如此之类,略得梗概,皆不通熟。惜乎,以彼神明,若省其异端,当精妙也。

【注释】

①铭:刻在器物上用以记叙生平、事业,或警诫自己的文字。文中引用的文字告诫人们不要多说话,言多必失;不要多事,多事必会多祸患。

②鼯鼠:鼠名,也叫石鼠、土鼠。

③朗悟:聪敏。

④营综:经营综理。

⑤卜筮:古时预测吉凶,用龟甲为占称卜,用蓍草称

筮,合称卜筮。

⑥差:病愈。

【译文】

周朝的太庙前有一个铜人,背上刻着几个字,说:"不要多说话,言多必失;不要多事,多事必会多祸患。"这个训诫说得太好了。善于奔跑的上天就不让它长上翅膀,善于飞行的就没有前爪,头上长角的嘴里就没有上齿,后肢发达的前肢就退化,大概是天道不让它们兼有各种长处吧!古人说:"干得多而干好的少,那就不如专心干好一件事;鼯鼠有五种本领,可都成不了技术。"近世有两个人,都是聪明颖悟之辈,兴趣广泛,涉猎很广,可没有一样成名的。他们的经学经不起提问,史学不足以应对,文章不能入选集录以流传于世,书法作品不值得保存赏玩,为人占卜六次里面只对三次,替人看病治十个人只有五个能痊愈,音乐水平在数十人之下,射箭本领也不出众,天文、绘画、棋博、鲜卑语、胡书、煎胡桃油、炼锡成银,像这一类的技艺,只是了解个大概,却都不精通熟练。可惜啊,以他们这样的聪明才智,如果能割舍其他爱好,专攻一项,应该会达到精妙的程度。

君子当守道崇德,蓄价①待时,爵禄不登,信由天命。须求趋竞,不顾羞惭,比较材能,斟量功伐②,厉色扬声,东怨西怒;或有劫持宰相瑕疵,而获酬谢,或有谄胐③时人视听,求见发遣;以此得官,谓为才力,何异盗食致饱，窃衣取温哉！世见躁竞得官者，便谓"弗索何获"；不知时运之来，不求亦至也。见静退未遇者，便谓"弗为胡成"；不知风云④不与，徒求无益也。凡不求而自得，求而不得者，焉可胜算乎！

【注释】

①蓄价：蓄养名誉声望。

②功伐：指功劳。

③谊聒：喧嚣刺耳。

④风云：指人的际遇。

【译文】

君子应该谨守正道、推崇德行，蓄养声望以待时机，就算不能得到高官厚禄，那也是由上天安排的。自己主动去索求奔走，不顾羞耻，与别人比较才能，评论功绩，声色俱厉，怨这怨那，或者以宰相的短处相要挟，以此获得酬谢；或者大声吵嚷，混淆视听，以此求得早日被任用。靠这些手段得到官职，认为是有才能，这与偷盗食物来填饱肚皮，窃取衣服求得温暖有什么区别呢！世人看见那些到处奔走钻营而得到了官职的人，就说："不主动索取怎么能获得呢？"他们不明白时运到来之时，你不求取也能得到。他们看见那些恬淡谦让而没有得到赏识的人，就说："不去争取怎么能获得呢？"他们不明白时机未到，徒然追求是没有用的。世上那些不去索求却获得了以及索求了却没有获得的人，多得数都数不清。

止足第十三

《礼》云:"欲不可纵,志不可满。"宇宙可臻①其极,情性不知其穷,唯在少欲知足,为立涯限②尔。先祖靖侯戒子侄曰:"汝家书生门户,世无富贵;自今仕宦不可过二千石③,婚姻勿贪势家。"吾终身服膺④,以为名言也。

【注释】

①臻:达到。
②涯限:界限。
③二千石:汉制,郡守俸禄为二千石,以后"二千石"便成了郡守的代称。
④服膺:铭记在心,衷心信奉。

【译文】

《礼记》上说:"欲望不可以放纵,志向不可以满足。"宇宙之大,还可达到极限,而人的欲望却是无穷尽的,只有寡欲而知足,为自己立个限度。先祖靖侯曾告诫子侄们说:"你们家是书生门户,世世代代没有富贵过。从现在起,你们为官,不可担任俸禄超过二千石的官职,婚姻嫁娶不要攀附地位显赫的人家。"我对这些话终生信奉,牢记心间，把它作为至理名言。

天地鬼神之道，皆恶满盈。谦虚冲损，可以免害。人生衣趣①以覆寒露，食趣以塞饥乏耳。形骸之内，尚不得奢靡，已身之外，而欲穷骄泰②邪？周穆王、秦始皇、汉武帝，富有四海，贵为天子，不知纪极③，犹自败累，况士庶乎？常以二十口家，奴婢盛多，不可出二十人，良田十顷，堂室才蔽风雨，车马仅代杖策，蓄财数万，以拟吉凶急速④，不啻⑤此者，以义散之；不至此者，勿非道求之。

【注释】

①趣：仅够的意思。

②骄泰：骄奢放纵。

③纪极：终极，限度。

④吉凶：婚事丧事。急速：指仓促间发生的事。

⑤不啻：不仅，不止。

【译文】

天地鬼神之道，都是憎恶满盈。谦虚淡泊，可以免除祸患。人生在世，衣服只要能够御寒，饮食只要能够充饥，也就罢了。自身躯体尚且不求奢侈浪费，自身以外，还要穷奢极欲吗？周穆王、秦始皇、汉武帝，他们都富有天下，贵为天子，不知满足，尚且会招致伤败受害，何况普通人呢？我一直认为，一个二十口的家庭，奴婢最多不可超过二十人，良田只需十顷，房屋只求能遮挡风雨，车马只求可以代步，钱财可积蓄数万以备婚丧急用。超出这个标准的，就该仗义疏财；达不到这个程度的，也不能用不正当的手法去求取。

仕宦称泰①，不过处在中品，前望五十人，后顾五十人，足以免耻辱，无倾危也。高此者，便当罢谢，偃仰②私庭。吾近为黄门郎，已可收退；当时羁旅，惧罹谤讟③，思为此计，仅未暇尔。自丧乱已来，见因托风云，徼幸富贵，旦执机权，夜填坑谷，朔欢卓、郑，晦泣颜、原者，非十人五人也。慎之哉！慎之哉！

【注释】

①泰：通达。

②偃仰：安居的意思。

③谤讟：诽谤，怨恨。

【译文】

做官做得稳妥的，是处在中品的官位，向前看有五十人，后望有五十人，这就足以避免耻辱，又不担风险了。高于这个级别，就应该婉言谢绝，安居家中。我近来担任黄门侍郎的官，本来是应该告退了，无奈客居异乡，怕遭人攻击诽谤，虽有这个打算，只是找不到适当的机会。自从丧乱发生以来，我见过很多乘时而起，侥幸富贵的人，早上还执掌大权，晚上就尸填坑谷；月初快乐如卓氏、郑氏那样的富豪，月底就悲苦如颜回、原思那样的贫士，像这种的人不止十个五个啊！一定要谨慎，要谨慎啊！

诫兵第十四

颜氏之先,本乎邹、鲁,或分入齐,世以儒雅为业,遍在书记①。仲尼门徒,升堂②者七十有二,颜氏居③八人焉。秦、汉、魏、晋,下逮齐、梁,未有用兵以取达者。春秋世,颜高、颜鸣、颜息、颜羽之徒,皆一斗夫耳。齐有颜涿聚,赵有颜冣④,汉末有颜良,宋有颜延之,并处将军之任,竟以颠覆。汉郎颜驷,自称好武,更无事迹。颜忠以党⑤楚王受诛,颜俊以据武威见⑥杀,得姓已来,无清操⑦者,唯此二人,皆罹⑧祸败。顷世乱离,衣冠之士,虽无身手⑨,或聚徒众,违弃素业,徼幸战功。吾既羸薄⑩,仰惟前代,故寘心于此,子孙志⑪之。孔子力翘⑫门关⑬,不以力闻,此圣证也。吾见今世士大夫,才有气干,便倚赖之,不能被⑭甲执兵,以卫社稷;但微行险服⑮,逞弄拳腕,大则陷危亡,小则贻耻辱,遂无免者。

【注释】

①书记:指书面材料,如书籍等。
②升堂:升堂入室的简略语。泛指人的学问造诣精深。
③居:占,占据。
④冣(zuì):同"最"。

⑤党：结党。

⑥见：被。

⑦清操：清廉高尚的节操。

⑧罹（lí）：遭遇不幸。

⑨身手：武艺气力。

⑩羸薄：瘦弱。

⑪志：记。

⑫翘：举。

⑬门关：出入必经的国门、关门。

⑭被：披。

⑮微行险服：悄无声息地行动，穿不合礼制的服饰。

【译文】

颜氏的先辈，祖居春秋时期的邹国、鲁国，有的又分散到春秋时期的齐国，世世代代都是从事儒雅的事业，这在书籍中随处可有记载。孔子的门徒，学问精深的七十二人中，颜氏家族占了八人。从秦、汉、魏、晋，往下数到南朝的齐、梁，颜氏家族中没有靠用兵而得志扬名的。春秋时期，有颜高、颜鸣、颜息、颜羽等人，都是一些武夫。齐国有颜涿聚，赵国有颜最，汉朝末年有颜良，南朝宋有颜延之，都处在将军的位置上，最终却因此而倾败。汉朝的郎官颜驷，自称好武，但却没有看到他有事迹流传。还有颜忠因党附楚王受诛，颜俊因割据武威被杀，从有颜姓以来，没有高尚节操的，只有这两个人，都遭受了灾祸败亡。近世以来，国家遭逢乱离，士大夫们虽然没有武艺气力，但有的也聚集徒众，放弃了一贯的诗书儒业，去碰运气求取战功。我的身体既如此单薄，又想到前人好兵致祸的教训，所以把心思放在读书仕宦这上面，希望子子孙孙都记住这一点。孔子的力气可举起城门，却不以武力闻名于世，这是圣人为我们树立的榜样啊！我看见当今的士大夫们，才血气方刚，就以此自恃，又不能披戴铠甲手执兵器去保卫国家；只知穿上剑客的服装，行踪诡秘，到处逞弄拳术，大则身陷危亡，小则自讨耻辱，竟没有一个可以幸免的。

国之兴亡，兵之胜败，博学所至，幸讨论之。入帷幄①之中，参庙堂②之上，不能为主尽规以谋社稷，君子所耻也。然而每见文士，颇③读兵书，微有经略。若居承平之世，睥睨宫阃④，幸灾乐祸，首为逆乱，诖误⑤善良；如在兵革之时，构扇⑥反复，纵横说诱，不识存亡，强相扶戴：此皆陷身灭族之本也。诫之哉！诫之哉！

【注释】

①帷幄：这里指天子决策之处。

②庙堂：朝廷。指人君接受朝见、议论政事的殿堂。

③颇：这里是略微的意思。

④宫阃（kǔn）：帝王后宫。

⑤诖(guà)误：贻误；连累。

⑥构扇：挑拨煽动，也作"构煽"。

【译文】

国家的兴亡，战争的胜败，对此如果已具有广博的学识，也是可以讨论这个问题的。一个人进入国家决策机关，在朝廷的殿堂上参与国政，却不能为君主尽谋划之责以求得国家的安定富足，这是君子所引以为耻辱的。但我常常看到一些文士，兵书既读得很少，兵法也只是略知概要。如果处在太平盛世，他们会热心于侦伺后宫动静，为每一点动乱而幸灾乐祸，领头犯上作乱，以致牵连善良之辈；如果处在战乱时期，他们会到处挑拨煽动，八方游说，翻手为云，覆手为雨，看不清存亡的趋向，却竭力扶持拥戴别人称王。这些行为都是招致丧身灭族的祸根，对此要警惕！千万要警惕！

习五兵①，便乘骑，正可称武夫尔。今世士大夫，但不读书，即称武夫儿，乃饭囊酒瓮也②。

【注释】

①五兵：五种兵器。此指车之五兵。步卒之五兵，则无夷矛而有弓矢。

②饭囊酒瓮：即现在俗称酒囊饭袋的意思。瓮，一种陶质盛器。

【译文】

熟悉五种兵器,擅长骑马,方可称作武夫。现在的士大夫,只要不读书,就称作武夫,其实只是酒囊饭袋一个。

养生第十五

夫养生者先须虑祸，全身保性。有此生然后养之，勿徒养其无生也。单豹养于内而丧外，张毅养于外而丧内，前贤所戒也。嵇康著《养生》之论，而以傲物受刑；石崇冀服饵之征，而以贪溺取祸，往世之所迷也。

【译文】

养生的人首先应该考虑避免祸害，保全身家性命，有了生命，然后再去保养它，不要白费心思去保养那不存在的所谓长生不老的生命。单豹善于保养身心，却因外部发生的灾祸而丢了性命；张毅善于防备外来侵害，却因体内发病而丧生，这些都是前代贤人引以为戒的。嵇康著有《养生论》一书，却因为人傲慢而遭杀头，石崇希望通过服药延年益寿，却因贪恋钱财美女而致杀身之祸，这些都是前代那些糊涂人的例子。

夫生不可不惜，不可苟惜。涉险畏之途，干祸难之事，贪欲以伤生，谗慝①而致死，此君子之所惜哉；行诚孝②而见贼，履仁义而得罪，丧身以全家，泯躯而济国，君子不咎③也。

【注释】

①谗慝：灾难，祸患。

②诚孝：即忠孝。

③咎：抱怨。

【译文】

生命不可以不珍惜，也不可以无原则地吝惜。踏上那危险可怕的道路，卷入那招灾蒙难的事情，贪恋欲望而损伤身体，进谗言作恶而致死，在这些方面，君子应该珍惜生命；奉行忠孝而被杀害，施行仁义而获罪责，舍身以保全家族，捐躯以拯救国家，在这些事情上君子舍弃生命是不会抱怨的。

自乱离已来，吾见名臣贤士，临难求生，终为不救，徒取窘辱，令人愤懑。侯景之乱，王公将相，多被戮辱，妃主姬妾，略无全者。唯吴郡太守张嵊，建义不捷，为贼所害，辞色不挠①；及鄱阳王世子谢夫人，登屋诟怒，见射而毙。夫人，谢遵女也。何贤智操行若此之难？婢妾引决②若此之易？悲夫！

【注释】

①辞色不挠：言辞和神色不屈服。

②引决：自杀。

【译文】

自从梁朝乱离以来，我看见那些名臣贤士，临难求生，终未获救，白白地自找羞辱，真是令人愤懑。侯景作乱的时候，王公将相，大都受辱被杀，妃嫔、公主、姬妾，几乎没有幸存的。只有吴郡太守张嵊，兴师讨贼未能取胜，被叛贼杀害，他的言辞神色至死都不屈服；还有鄱阳王世子萧嗣之妻谢夫人，登上房屋怒骂群贼，被乱箭射死。谢夫人是谢遵的女儿。为什么贤明智能之士坚守操行是如此困难，婢妾之辈舍身就义却是如此容易？真是可悲啊！

朱子家训

〔清〕朱用纯　著

黎明即起，洒扫庭除①，要内外整洁。
既昏便息，关锁门户②，必亲自检点。

【注释】

①庭除：庭院和台阶。除，台阶。
②关：门闩，闩门的横木。

【译文】

黎明的时候就要起床，把院子和台阶打扫干净，室内室外都要保持干净整洁；太阳落山的时候就要休息，一定要亲自查看门闩是否落锁，窗户是否关闭，以确保安全。

【解说】

人们的生活是一天接着一天过的，日复一日，方有年复一年。而一天最重要的标志，就是早上起床和夜晚入睡，治家就是得先从这两件事情入手。每天坚持早睡早起，养成好习惯。黎明即起，开始新的一天的生活。新生活要有新面貌，所以要打扫庭院，把室内室外都打扫得干干净净，以新的面貌迎接新的一天。到了晚上，一天的生活结束了，不能倒头即睡，要善始善终，亲自检查门闩是否落锁，窗户是否关闭。天天防火，夜夜防贼。做好了防贼措施，方可安然就寝，休养生息，准备迎接新的一天的生活。这六句话平白朴实，却是治家的关键所在。

一粥一饭，当思来处不易；

半丝半缕,恒念物力维艰①。

【注释】

①恒念物力维艰:经常记住每生产一样东西都是很艰难的。恒,经常。

【译文】

一碗粥,一餐饭,都要想一想它们是多么来之不易。半点丝,半缕线,也要经常想一想把它们生产出来要经历多少艰辛。

【解说】

这是劝人节俭的两句名言。这两句话用粥饭和丝线代指人们的吃穿及其他需用的东西,意在告诉人们这些东西来之不易,因此要注意节俭,不能浪费。一碗粥,一顿饭,或许值不了多少钱,但是农民把它们生产出来,却是要经过千辛万苦,实在不易;人们穿的衣服都是一丝丝、一线线织成的,从植桑养蚕,到缫丝织布,再到漂染制衣,每一个环节都要付出很多的辛劳。所以,对于日常生活的各种必需品,不能因为它们不是贵重物品而轻视它们、浪费它们,要时刻保持勤俭节约、艰苦奋斗的本色。

宜未雨而绸缪①,毋临渴而掘井。

【注释】

①未雨而绸缪(chóu móu):天还没有下雨,就先把

房屋的门窗修缮稳固。比喻事先做好准备工作。绸缪，修补。

【译文】

凡事都要先有个准备，把该做的事情做在前面，就像天还没有下雨，就把房屋修葺好一样；不要事情到了急处，才想起要做准备，就像口渴的时候才想起要挖井那样。

【解说】

这两句是人生的经验之谈，也是人生成功的秘诀。凡事预则立，不预则废。只有在事情还没有发生前，就对事情的发展变化做出预测，并根据发展变化的实际情况预备应变措施，做好应急预案，这样才能以不变应万变，进而才能在突然发生变故时从容应对，并加以顺利解决。就好像天还没有下雨，就预先修补好门窗一样，不论什么时候下雨，都不用担心。如果没有准备，事起仓促，急切间难以应对，就会措手不及，乱中出错。事先不做准备，就如同临渴掘井，出了事情就来不及了。如果想在人生征途上，事事都能应对裕如，那就请记住这两句话，并把它落实在行动中。

自奉必须俭约[1]，宴客切勿留连[2]。

【注释】

[1]俭约：勤俭节约。

②留连：舍不得离开。这里指爱惜财物。

【译文】

自己平时的衣食住行必须勤俭节约，但是招待客人的时候，一定不要吝惜财物，以免给人小气吝啬的印象。

【解说】

中国人淳朴忠厚、热情好客的优良品德，在这两句话中表现得最为充分。自己居家过日子，克勤克俭，紧紧巴巴，穷点苦点都没有关系。再困难的日子，勒一勒腰带就过去了。但对于来拜访的客人，不能小里小气，要热情招待，要让客人吃好喝好。即使家中缺油少米，没有好酒好肉，也要想尽办法招待好客人。东晋陶侃的母亲剪发以招待宾客的故事，就是这两句话很好的注脚。范逵来拜访陶侃，当时陶家贫寒，没什么可以拿来招待客人，陶母就把自己的头发剪下来，拿去换酒，招待范逵，并把家中的草垫子拿来喂范逵的马。今天的许多人可能不太理解这种待客的做法，甚至有人认为这是死要面子活受罪。有这种想法的人，是对中国传统文化缺少充分的了解。

器具质而洁，瓦缶胜金玉①。
饮食约而精，园蔬胜珍馐②。

【注释】

①瓦缶（tǒu）：一种小口大肚的瓦器。

②珍馐：美食。珍，山珍，精美的食物。

【译文】

饮食器具工艺讲究，干净清洁，哪怕只是陶瓷类制品，也要胜过那些不洁净的金玉制品；饮食适口对味，少而精细，假如能够做到这一点，园中的普通蔬菜也要胜过美味佳肴。

【解说】

中国人的饮食，讲究干净清洁甚于讲究色、香、味、形。限于各种条件，饭菜的质量可以差一些，用具也可以不讲究，但一定要洁净。洗刷得干干净净的餐具，哪怕只是寻常的陶制品，也要比那些不干净的金玉餐具好得多。餐具洁净，让人一看就心情愉快，饭吃起来也觉得香；如果餐具很珍贵，却满是污垢，让人一看就食欲全无。同时，中国人的饮食还讲究做工，寻常菜肴，只要做得精致，也会让人食欲大增。相反，即使是山珍海味，如果做得不好，也会让人吃起来倒胃口。平常人家居家过日子，没有金玉制作的餐具，也没有山珍海味，都是寻常餐具，粗茶淡饭，但只要干净清洁，调制得当，小日子一样可以过得有滋有味。

勿营华屋，勿谋良田。

【译文】

不要建造高大奢华的房子，不要想占有多少良田。

【解说】

中国人的智慧在日常生活中表现得淋漓尽致。不显富，不露富，就是这样一种智慧的表现。天下之大，总是有不少富人。富起来了，不要花太多的钱建造豪华漂亮的房屋，也不要想着买多少良田，因为漂亮的房屋和良田，人人都想得到，你得到了，别人没有得到，就会招来妒忌，祸害也会随之而来。在日常生活中，要学会韬光养晦，不显山，不露水，没人注意，不遭嫉妒，才能减少诸多的麻烦。

三姑六婆①，实淫盗之媒；婢美妾娇，非闺房之福。

【注释】

①三姑六婆：三姑，指尼姑、道姑、卦姑；六婆，指牙婆、媒婆、师婆、虔婆、药婆和稳婆。

【译文】

三姑六婆等走街串巷的女子，实际上都是教唆人们诲淫诲盗的人；美丽漂亮的使女和小妾充斥闺房，绝对不要认为是主人的福分。

【解说】

治家的主要内容是整治家风。社会上有各式各样的人，有些人本非善良之辈，若是与他们交往多了，严重影响到家庭成员。如所谓的三姑六婆，古人以为其中大多诲淫诲盗之人，对她们的评价不高，和她们交往的话，不知不觉中可能就学坏了。所以，治家严格的家长，是禁止其子女与这类人交往的。不仅三姑六婆不能接近，就是娇妻美妾、貌美婢女，置于家中，也被视为不好的事情。古人对女性，尤其是对漂亮的女性有一种本能的警觉，以为漂亮女性容易惹是生非，所以才有"女人是祸水"和"红颜薄命"等说法。家里如果婢美妾娇，她们就会为得到主人的宠爱惹是生非，甚至闹得鸡犬不宁。这些观念虽然陈腐，却是古人的经验之谈，有一定的警示意义。

奴仆勿用俊美，妻妾切忌艳妆。

【译文】
不要使用俊秀貌美的奴仆，不要让妻妾浓妆艳抹。

【解说】
古代高门大户，都要雇用仆人和婢女，侍奉家人，处理家务。所以，管教仆人和婢女，就成为治家的重要内容。古人以为，为了避免招惹是非，一定不要雇用长得俊秀貌美的仆人和美艳动人的婢女。同时，对于妻妾也要严加管教，不能让她们浓妆艳抹，花枝招展。这些做法，其实都是防患于未然，害怕闹出家庭丑闻。用今天的眼光看，仆人英俊，婢女漂亮，正可以为主人增光彩。不用俊秀貌美的仆人婢女，难道都要用卡西莫多那样让人见之而心生害怕之心的人吗？不过，这是治家。治家还是谨慎些好。

祖宗虽远，祭祀不可不诚。

【译文】

祖宗虽然离人们似乎很遥远，但祭祀祖宗这事却不能有丝毫的不诚之心。

【解说】

传统文化中的祭祀，主要分为祭祀天地、祭祀鬼神和祭祀祖先。逢年过节，以及祖先的生日或忌日，对祖先进行祭祀，是家庭生活的一项重要内容。所以，祭祀也被列为治家的内容。祖先虽然过世已久，离人们已经很遥远，但祭祀的时候，一定要怀有虔诚敬畏之心。这不仅因为出于对祖宗的敬畏，更因为古人相信，祖宗的在天之灵可以保佑子孙平安。

子孙虽愚，经书不可不读。

【译文】

子孙即使愚昧不开明，但也不可以不教他们学习儒家的经典。

【解说】

古人很看重对子女的教育，教他们读书，一是增长文化知识，二是增长人生阅历和生活常识。聪明的人通过读书可以升官发财，光耀门楣。即使愚钝不聪明的人，家长同样也会让他们读书，进私塾，进学堂，学习文化知识，学习儒家经典。在古人看来，儒家经典是不可不读的，因为儒家经典可以教导人们遵守礼仪道德规范，教导人们如何为人处世。人生活在社会上，没有这些知识，是很难生存的。所以，许多家长明明知道子女在读书上不可能有大的出息，但还是让他们去读，目的就是让他们多懂得一些做人的道理。

居身务期质朴①，教子要有义方②。

【注释】

①居身：安身，立身处世。

②义方：行事应该遵守的规范和道理。这里指儒家纲常伦理。

【译文】

立身处世一定要以淳厚朴实为原则，教育子女一定要以儒家的伦理道德规范为重。

【解说】

在为人处世方面，传统文化历来崇尚质朴，反对浮华。做人要老实厚道，质朴无华，真诚本分，不尚浮华。如果花里胡哨，虚头虚脑，就会给人不诚实的感觉，人们在不得已而与之交往时，会感到很累，因为要时常提防他，害怕误入圈套或陷阱。教育子女不仅要有正确的方法，更为主要的是要教他们走正道，为人处世要按照儒家的纲常伦理的要求，符合传统道德规范。这样的治家格言，对今人仍有启示意义。

勿贪意外之财，勿饮过量之酒。

【译文】

不要贪图意外之财，不是你的东西，就不要想着如何去得到它；饮酒不要过量，过量则容易伤身体。

【解说】

俗话说：人不得外财不富，马不吃夜草不肥。所谓外财，就是意外之财。的确，人生会有这样那样获得外财的机会，比如馈赠、继承的财产，比如买彩票中了大奖，再比如用很少的钱买到了价值连城的古董，等等。但这样的机会不是每一个人都能得到的，因为，机会不会给无准备的人。除此之外的意外之财，比如拾到了巨款，捡到了名贵的珠宝，在 ATM 机上取钱时机器多吐给你一大笔钱，等等，都不能见钱眼开，更不能据为己有，如果据为己有，就属于不当得财，就要承担法律责任。至于在街上，有些不太高明的骗子用蝇头小利来诱惑你，就更不能为其所动了。不贪便宜才能不上当。不贪得意外之财，才能少惹许多麻烦。至于说饮酒，则是以适量为宜，喝多了伤身，喝多了误事。哪怕是酒逢知己，也要适当控制。"酒逢知己千杯少"是劝人饮酒的话，不可尽信。

与肩挑贸易，勿占便宜；见贫苦亲邻，须多温恤。

【译文】
和走街串巷做小生意的人做买卖，不要贪图他们的便宜；看见贫困的亲戚邻居，一定要多给予一些温暖和体恤。

【解说】
走街串巷的商贩，都是在小物件上求利，常常为此花费很多心思，而且大多是挣几个力气钱，赚几个小钱很辛苦，所以，没有必要和他们斤斤计较，更不要贪占他们的便宜。从来买家没有卖家精。和小商小贩，不要存贪图便宜的念头，才不会吃亏上当。对于贫困的亲戚邻居，要存好仁之心，经常给予力所能及的帮助。在他们遇有危难的时候，要多多接济他们，帮助他们，多给他们一些温暖。有血缘关系的亲情，靠血缘关系来维系。没有血缘关系的亲戚邻居，要靠关爱和友情来维系。助人为乐是中国人的优良传统，更何况是帮助自己的亲戚邻居呢？

刻薄成家，理无久享。伦常乖舛①，立见消亡。

【注释】

①伦常乖舛：行为违反纲常伦理。乖舛，背离，违背。

【译文】

待人刻薄寡恩，这样的人持家，其家庭肯定不会长久和睦；行为违背纲常伦理，这样的人难以长久立身在这个世界上，往往很快就会消亡。

【解说】

待人要宽厚，持家要宽容。唯有宽厚和宽容，才能凝聚人心，才能以德服人。如果薄情寡义，对家人十分尖刻，就很难把家人拢在一起，那么他的家庭不仅难以和睦，更加难以兴旺。家和万事兴。靠什么"家和"？不是薄情寡义，而是亲情友爱和宽厚宽容。负有治家之责的人，不可不明白这个道理。治家需要宽厚宽容，维持家庭的正常秩序，那么就需要儒家的纲常伦理，需要亲人之间的相互理解和包容。如果背离了儒家的纲常伦理，混淆或是打乱了儒家的纲常伦理，其人则难以立身，其家则难免家破人亡。虽然很多人都以批判的眼光看待儒家的纲常伦理，但在家庭伦理方面，儒家的基本规范还是应该有所批判，有所继承的，不能都视为糟粕，全部摒弃。

兄弟叔侄，须分多润寡①。长幼内外，宜法肃辞严。

【注释】

①分多润寡：把多余的财富分出一部分帮助财富少

的人。

【译文】

兄弟叔侄之间要互相帮助，财富多的最好分出一部分给财富少的人；不论长幼还是内外，如果犯了错误，都应该严肃家法，严词训斥。

【解说】

古代家庭大多是家族式的，四世同堂、五世同堂的现象都很常见。在这样的大家族中，兄弟叔侄之间会因为个人能力不同等原因，出现财产多寡不均的现象。一旦出现了这样的情况，家族内外在财物方面应该不要太过计较，要互相帮助，财富多的人要帮助财富少的人，使每一个家庭成员在财富方面不至于太过悬殊。这样的话，每一个人才能安心为这个家庭出力，才能家庭兴旺。在尊卑长幼和内外方面，要严格按照纲常伦理的要求去做，长爱幼，幼尊长，长幼和睦亲善。男与女应各司其职，各负其责，不能缺位，也不能越位。这样才能显示出长幼之别，内外之别。如果有人犯了错误，那就要严肃家法，严词教训，不能姑息。严是爱，宽是害。治家也应遵守这样的准则，不能纵容，不能姑息。如果认为都是亲情骨肉，可以睁一只眼闭一只眼，那不仅会害人，也会害家。

听妇言，乖骨肉，岂是丈夫？重资财，薄父母，不成人子。

【译文】

若因听信妻妾的话，而使父子兄弟之间产生矛盾，反目成仇，这怎么能称为大丈夫？过分看重钱财，而对父母十分刻薄，那还算是什么子女？

【解说】

传统文化一向轻视女性，存在着严重的男尊女卑倾向。在治家方面，这种倾向表现得也非常充分。在家庭生活中，谁对谁错，谁的话对家庭或个人发展有利，不是按男女性别来论的。女性观察细致，感悟细腻，领会细微，对问题的看法往往独出心裁，说话常常是语出惊人。对她们的话，不能仅仅因为她们是女性而本能地排斥，而应仔细想一想她们的话是否有道理。若有道理，就应该采纳。如果仅仅因为她们是女性，而硬要顾及男子汉的尊严，那就是彻头彻尾的大男子主义了。至于说听信女性的话，会导致骨肉分离，就不是男子汉，就更是一派胡言了。另外，对于钱财也应看淡一些。钱财乃身外之物，生不带来，死不带去，再多何益？世界上比金钱更宝贵的东西有的是，比如亲情、友情、爱情、事业等。作为一个人，如果过分看重财物而对父母刻薄，那还成什么人？要想家庭更和睦，不仅要淡泊名利，还要淡泊金钱。

嫁女择贤婿，毋索重聘。娶媳求淑女，毋计厚奁。

【译文】

嫁闺女一定要选择有德才的女婿,而不是看对方家庭是否富裕,不要索要很多的彩礼;娶媳妇要娶懂得礼仪规范的淑女,而不要计较嫁妆的多少。

【解说】

嫁娶乃家庭大事。有的父母为了让子女日后少一些生活负担,总是想着攀高枝,找大户,认为大户人家家庭富裕,子女可以不愁吃不愁穿,衣食无忧。这些想法没有错。哪有家长不想让自己的子女生活得更好一些的道理呢?问题是不能唯钱财而论,如果仅仅看重钱财,那就大错特错了。钱是人挣的,也是让人花的。这里面最关键的是人,人品好,有能力,懂感情,会持家,这才是最为重要的。所以,嫁女要选择贤能的女婿,不要看对方能给多少彩礼;娶媳妇要娶有良好家庭教养的淑女,不要看她能够带来多少嫁妆。不论择婿还是娶媳,都要把人品放在第一位,而不能仅仅看重财物。如果所嫁的是纨绔子弟或泼皮无赖,所娶之媳如同母夜叉或河东狮,纵有家财万贯,日子又岂能好过?

见富贵而生谄容者①,最可耻。遇贫穷而作骄态者,贱莫甚。

【注释】

①谄容:谄媚讨好的样子。

【译文】

遇见富贵之人就表现出谄媚讨好的样子,这样的人最为可耻;遇到贫穷的人就表现出骄横跋扈的姿态,这样的人最为卑贱。

【解说】

富贵与贫穷是社会的两极,任何社会都很难消除。即使是那些曾经打出"等贵贱,均贫富"旗号的农民起义者,也根本做不到。嫌贫爱富一直在世俗中常见,所以,古今中外,任何社会,都有不少嫌贫爱富的人。如果仅仅是嫌贫爱富,也许并没有什么,关键是有部分人天生的贱骨头,见了富贵之人就表现出谄媚讨好的样子,溜须拍马,曲意逢迎,膝盖骨特别软。为了讨好富贵者,甘愿做帮凶,做打手,做奴隶。这样的人最为可耻!另外,有些人尽管自己的境况并不比别人好到哪里,却自我感觉良好,遇到比自己贫穷的人一副趾高气扬的样子,骄横无比,忸怩作态,似乎多么了不起。这样的人天生就是一副贱骨头,是典型的阿Q式的人,也最会被人瞧不起。这两类人不能正确认识自己,也不能正确认识别人,都非常的可悲。

居家戒争讼,讼则终凶。处世戒多言,言多必失。

【译文】

居家过日子,切记不打官司,一旦惹上官司,终究要家破人亡；为人处世要避免多说话，说话多了必定有说得不对的地方，非常容易得罪人，给自己带来麻烦。

【解说】

中国民间过去流传着这样两句话："屈死不告状，饿死不做贼。"一旦惹上官司，轻则耗费钱财，重则家破人亡，总之都没有好结果。居家过日子更要和气生财，家和万事兴，以和为贵，尽量不要和别人打官司。为了少惹是非，就要力戒多言，言多有失，言多惹祸。俗话说"祸从口出，病从口入"，就是这个道理。居家过日子，麻烦事越少越好，但也不能泯灭了是非界线，不能为了追求和气、和睦、和平，而对损害他人和社会利益的事情不闻不问，对违法乱纪的人处处退让，对奸邪凶顽之人自动缴械。倘如此，等同于对坏人坏事的纵容，结果必然是想求和睦、和平而不得。

毋恃势力而凌逼孤寡①，勿贪口腹而恣杀牲禽。

【注释】

①孤寡：孤儿寡母。幼而丧父称为孤，老而丧夫称为寡。

【译文】

不要恃强凌弱，依仗权势欺凌孤儿寡母；不要贪图美味，为满足口腹之欲而滥杀牲畜家禽。

【解说】

说起世上可怜的人，人们往往首先说到孤儿寡母最为可怜。孤儿寡母无依无靠，势单力薄，常常受人欺负。因此，作者告诫人们，不要恃强凌弱，欺负孤儿寡母。欺负弱小者，是欺软怕硬，是懦弱者的行为。对于这样的行为，人们是不会原谅的。孤儿寡母本来就很可怜，很是值得我们同情，给予关爱，施以援手，帮扶他们度过人生最困难的时期。牲畜是人类的帮手，耕田种地离不开它们。过去人们常说的"五谷丰登，六畜兴旺"，反映出人类生活与六畜的关系。所以，对于六畜也要爱护，不能随意鞭打，更不能为了口腹之欲而滥杀。

乖僻自是①，悔误必多。颓惰自甘②，家道难成。

【注释】

①乖僻自是：行为乖戾，违反常理，却自以为是。
②颓惰自甘：颓废懒惰，不肯努力，却自得其乐。

【译文】

行为乖戾却自以为是的人，将来一定会有很多追悔莫及的事；颓废懒惰却自甘现状的人，终究难以成家立业。

【解说】

生活中总是有一些人，行为乖戾，做事违反常理，却常常自以为是。这样的人听不进劝说，见不得别人成功。由于自以为是，行为乖僻，经常做错事，甚至做坏事，所以，这些人常常为自己的行为而后悔。但后悔过后依旧是乖僻自是，依旧是不近人情。这样的人一生难免要遭受这样那样的挫折，有的人可能因此一蹶不振，自甘颓废，自甘堕落。这样的人怎么能够治家，更如何持家呢？依靠这样的人治家，其家庭终究难以兴旺发达。听人劝，吃饱饭。广纳善言，方可避免自以为是，才能少犯错误，才能从失败中走出来，重新振作。

狎昵恶少①，久必受其累。屈志老成，急则可相依。

【注释】

①狎昵恶少：对行为不端的少年过分亲密，且又态度随便，不能自重。

【译文】

如果和行为不端的邪恶少年过分亲密，态度随便，不能自重，那么天长日久必定受其连累；能够委屈自己而与老成持重的人交往，一旦遇到急难之事，老成持重之人则可以依靠。

【解说】

人的一生注定会与许许多多的人交往。有些人一见如故，日后成为莫逆之交，成为可以托妻付子的好朋友；有的人交往多年，却始终难以交心，终究还是路人。所以，交往不可不慎，择友不可不慎。如果交往的是行为不端的纨绔子弟或邪恶少年，而这些人大多是吃、喝、嫖、赌无所不为的人，那么，日后必定为其所累。如果交往的是老成持重、敢于担当的人，和他们成为朋友，那么，日后一旦遇到危难之事，他们肯定会援手相助，成为可以信赖的依靠。君子之交淡如水。真正的朋友，平时不需要过多的金钱往来，甚至不需要过多的寒暄，但关键时候会鼎力相助；如果只是酒肉朋友，平时吃喝玩乐，依靠金钱来维系，关键时刻则可能树倒猢狲散，大难来时各分飞。如果是这样的朋友，不要也罢。

轻听发言，安知非人之谮诉①，当忍耐三思。因事相争，安知非我之不是，须平心暗想。

【注释】

①谮（zèn）诉：私下诋毁别人，说别人的坏话。

【译文】

如果轻信别人说的话，怎么知道他不是在私下诋毁他人呢？即使听到不利于自己的话，也要能够忍耐，三思而后行；因事和别人互相争执，怎么知道错不在己呢？所以要平心静气地想一想，是不是自己的错。

【解说】

对于别人说的话，不可轻信。耳听为虚，眼见为实。听来的消息，人多都经过转述者的主观加工，与事实相差甚远，怎么能够轻易相信呢？再说了，又怎么知道转述者不是在有意识地诋毁别人呢？所以，当听到某人说某某如何不好的时候，心里要多问一个为什么，要能够忍耐，要多想一想，不能信以为真。如果因为某事和别人发生了矛盾，起了争执，不要怒火冲天，非要分出个是非来，要能够克制自己的情绪，平心静气地想一想，认真反省一下，是不是自己的过错。即使是别人错了，别人的错是不是因自己而起，是不是自己也有需要改进的地方？有矛盾和冲突并不可怕，可怕的是不能控制自己的情绪，不能自我反省，反而错上加错，把事情弄得不可收拾。

施惠勿念，受恩莫忘。

【译文】

对人有恩惠有帮助，不要老是想它，不要期待人家对你感恩酬谢；别人对你有恩，要念念不忘，切莫忘记报答。

【解说】

当今社会，人心浮躁，物欲横流，真正能够做到"施惠勿念，受恩莫忘"的人越来越少了，尤其缺少的是报恩思想。人们常说知恩图报，"滴水之恩当涌泉相报"。可是，有的人一夜之间暴富，以为凭借的是自己的能力和运气，很少去想一想为何能够暴富。比如买福利彩票，有的人中了大奖，以为是红运逼人，与别人无关。其实不是那么回事。假如没有许许多多热衷福利事业的人，没有他们为彩票的发行做出的努力，没有那些热心社会福利的彩票购买者，奖池里就不会积累出成千上万的大奖，哪里会有中大奖的机会？如果说买彩票还有一些运气在里面的话，那么，有的人因为得到某人或社会的帮助而成为千万富翁、亿万富翁，他们在创业之初，往往是有人施以援手，帮助他们掘得第一桶金。即使真的是白手起家，完全靠的是个人奋斗，也应感谢所处的时代和社会，感谢生逢其时。所以，富裕起来以后，要想着如何回报社会，回报那些曾经给予自己无私帮助的人。

凡事当留馀地，得意不宜再往。

【译文】

不论做什么事情，都不可太过，都应该留有馀地；好事能有一次就不错了，要知足常乐，不要想再二再三，好事不可能总是让你一个人遇到。

【解说】

中国人说话做事讲究"过犹不及"，不喜欢说过分的话，做过分的事。"日盈则昃，月盈则亏"，"满招损，谦受益"等成语，都是告诫人们凡事不可太过分，要留有馀地。这些都是人生的经验之谈，也是事物发展的规律。它反映出中国人的处世态度，也是中国的传统智慧。留有馀地，就把握了主动，可进亦可退，进退自如。河南巩义康百万庄园的"留余匾",说出了留有余地的好处:"留有余,不尽之巧以还造化;留有余,不尽之禄以还朝廷;留有余,不尽之财以还百姓;留有余,不尽之福以还子孙。"至于得意之事,往往都有其发生发展的特定环境和条件,如果离开特定环境和条件,就不可能再有类似的事情发生。"得意不宜再往",则是告诫人们不能老是抱有侥幸心理,正像成语"守株待兔"讲的故事那样:一只兔子逃跑中在一棵树下撞死,被宋国的农夫捡了个便宜。于是农夫放下农具,整日守在那棵树下,希望奇迹再次发生,结果当然是再无所获,并为国人所耻笑。好事不可能总是发生在一个人身上,不要幻想不通过积极努力就能侥幸成功。

人有喜庆,不可生妒忌心。人有祸患,不可生喜幸心。

【译文】

别人有喜庆之事,不要害红眼病,心里妒忌人家;别人遇到不幸,不要幸灾乐祸,暗自庆幸。

【解说】

见人成功就害"红眼病",见人倒霉就幸灾乐祸,是世俗的两大病态心理。当今社会,这两大世俗病态心理依然普遍存在。别人升官发财,功成名就,财富滚滚,只要来得正当,是靠个人努力得来的,就应该为之高兴,而不应产生嫉妒心理。见到别人有喜庆之事就暗自嫉妒,那是一种不正常的心理。别人获得了成功，应该见贤思齐，可以作为榜样，设定为自己追求的目标，努力赶上去，而不是嫉妒，更不能诋毁。反过来，看见别人遭遇不幸，应有同情之心，怜悯之意，同时应引以为鉴，分析一下为何会发生这样的事情，从而避免重蹈他人的覆辙，而不应该幸灾乐祸，甚至还暗自高兴。恻隐之心，人皆有之。如果看见别人遭遇不幸而幸灾乐祸，那就是连起码的恻隐之心也失去了。这样的人是很可悲的。

善欲人见，不是真善。恶恐人知，便是大恶。

【译文】

做了善事就想让人家知道，这样的善事不是真正的善事；做了坏事怕人知道，这样的坏事是真正的大恶。

【解说】

人们做事情，免不了要有功利目的。比如为了生存，为了生活，要去工作，去奋斗。这样的功利目的无可厚非。但是，假如一个人为了得到人们的表扬，或者是为了获得某种奖励，而去做好事，做善事，其动机则不纯，这样的好事，即使做了，也值得怀疑，因为它有沽名钓誉之嫌；有的人背地里偷偷做坏事，对他人、对社会造成了伤害，人们还不知道伤害是谁造成的。这样的人很阴毒，实际上一肚子坏水，表面上道貌岸然，让人们无法看清其真实面目。他们做的坏事，直接后果虽然不是很大，但影响很恶劣，因为人们或社会受到了伤害，却不知道这伤害是谁造成的，以至于引起人们相互猜忌，进而造成更大的混乱。这样的人不仅是恶人，而且是大恶人。对这样的人，人们必须擦亮眼睛看清他，远离他。

见色而起淫心，报在妻女。匿怨而用暗箭①，祸延子孙。

【注释】

①匿怨而用暗箭：因对某人私下有怨恨而暗地里对其进行攻击。

【译文】

遇见美色就生出奸淫的念头，就会报应在自己的妻子女儿身上；对某人怀有怨恨而暗地里对其进行人身攻击，灾祸将会出现在其子孙身上。

【解说】

美色是大自然的赐予，是人类的财富。对美的热爱和追求，是人类共有的特征。所以，人们常说"爱美之心，人皆有之"。人们可以爱美，可以追求美，但要有正确的途径和合理的手段，不能见色起意，见到美色就想据为己有，就想到淫乐。倘如此，那就不是爱美，而是好淫。孔子说：君子好色而不淫，淫则恶心生。所谓好色而不淫，就是喜欢女色，却不过分，用时下流行的话说，就是风流而不下流。如果沦落到下流的地步，那么，受害者就不仅仅是被侮辱被损害的女性了，其妻子女儿可能因其遭到报应。如果暗中算计别人，进行人身攻击，或者暗中落井下石，别人虽然可能因此遭受灾祸，但祸害也可能报应在自己的子孙身上。这些说法具有浓厚的因果报应意味，但其劝善的目的还是非常明显的。

家门和顺，虽饔飧不继①，亦有馀欢。
国课早完，即囊橐无馀②，自得至乐。

【注释】

①饔飧（yōng sūn）不继：吃了早饭，没有晚饭。饔，早饭；飧，晚饭。

②囊橐（náng tuó）无馀：口袋中没有多余的钱。囊，袋子；橐，口袋。

【译文】

只要家庭和睦，开开心心，一切顺遂，哪怕是吃了上顿没下顿，也会欢乐有余；不欠国家的租税，即使口袋空空，同样会自得其乐。

【解说】

家和万事兴。家庭和睦是治家的基本目标，也是终极目标。家庭不和睦，人人各怀私心，个个心里都有自己的小九九，你东我西，相互拆台，结果是什么事情都做不成，自然不可能让家庭兴旺起来。只有整个家庭心往一处想，劲往一处使，齐心协力，同心同德，才能把家庭治理好。家庭和睦了，即使生活困难一些，日子难过一些，甚至是吃了上顿没有下顿，也不必担心，这样的家庭照样其乐融融，过得开开心心，日后肯定能够兴旺发达。早日完成国家的钱粮课赋，不欠租税，也就没有了思想负担，即使口袋里没有盈余，身无分文，自己心中也能自得其乐。

读书志在圣贤，为官心存君国。

【译文】

读书要读古代圣贤之书，向圣贤学习，努力成为圣贤；做官要心里想着君王和国家，时刻把君王和国家放在首位。

【解说】

读书的目的是什么？不同的人有不同的答案。古人说：书中自有黄金屋，书中自有颜如玉，书中自有上天梯。今人说：读书做官，读书发财。表述语言不同，意思大同小异，都是为了功名利禄。儒家劝人读书虽然也包含有这方面的意思，但更主要的是要教育人们如何做人。读书干什么？明白事理，向圣贤学习，做一个对家庭、社会、国家有益的人。至于做官，很多人想的都是升官发财，官做得越大，权力越大，聚敛的财富越多。所以，古今中外都有许多贪官、赃官、腐败的官。这些官员之所以如此，主要是他们做官的动机不纯，他们把做官与发财联系在一起，把做官当作聚敛钱财的途径和手段。假如抱着这样的目的去做官，不成为贪官、赃官才怪呢！为官者必须把为国家、为百姓做事情，为国泰民安做贡献，作为为官的出发点和落脚点，权为民所用，利为民所谋，这样才能成为清官和好官，成为百姓喜爱的官，成为永远为历史铭记的官。

守分安命，顺时听天。

【译文】

坚守本分，安于命运，顺应时势，听从天意。

【解说】

朱用纯讲治家，前面讲了那么多，教导人们应该如何做，劝说人们哪些一定不要做，言之深，情之切，读过之后，谆谆教诲，言犹在耳。但到了最后，却落脚到"守分安命，顺时听天"上，他告诫人们要安于本分，听从命运，一切顺时应势，不要知其不可为而为之，不要逆天命而行。如此一来，就大大减弱了《朱子家训》的价值和意义。假如每个人都安分守己，听天由命，一切都交给上天安排，哪里还用得着去奋斗？还有什么必要去努力拼搏？

不过，听天由命不是朱用纯的发明，而是他对儒家思想的继承。儒家也讲个人奋斗，但最后同样归之于听天由命。孔子将"畏天命"居君子的"三畏"之首，这说明，在儒家看来，天命是不可违的，必须顺天命而行之。朱用纯把治家归结到天命上，是其思想局限的体现。

为人若此，庶乎近焉①。

【注释】
①庶乎近焉：大概就差不多了。

【译文】
作为一个人，如果能够在修身养性、居家生活、读书学习、为人处世、待人接物等方面，做到了上述所说的这些，可以说就很完美了。

【解说】
朱用纯讲的许多道理，都是其人生经验的总结，富有生活哲理，发人深省。尤其是在治家方面，确实有不少属于"格言"，值得人们深思和借鉴。比如，有关勤俭持家、家庭和睦、努力奋斗、积极向上的内容，在今天看来，仍旧有其特有的积极意义。但是不可否认，其中许多道理都和儒家宣扬的纲常伦理相联系，而儒家的纲常伦理，有不少已经和时代精神格格不入，其对人性的束缚、对创造力的排斥、对个性精神的压抑显而易见。因此，应有所区分，有所甄别，有所扬弃。朱用纯最终把一切都归结为"守分安命,顺时听天",要人们安分守己,一切听从命运的安排,具有明显的消极意义,一定程度上削弱了《朱子家训》的积极意义。因此我们应该取其精华,去其糟粕,有选择地继承。

附：家书尺牍中的教诲家训

诫子书[①]

诸葛亮

夫君子之行，静以修身，俭以养德[②]，非澹泊无以明志[③]，非宁静无以致远[④]。夫学须静也，才须学也；非学无以广才，非志无以成学。慆慢则不能励精[⑤]，险躁则不能治性[⑥]。年与时驰[⑦]，意与日去[⑧]，遂成枯落[⑨]，多不接世[⑩]，悲守穷庐，将复何及？

【注释】

①选自《诸葛亮集·文集》卷一。诸葛亮（181—234），字孔明，琅琊阳都（今山东沂南）人。曾隐居于隆中（今湖北襄阳西），有"卧龙"之誉。刘备三顾始见，后辅佐刘备立业蜀中。曹丕代汉后，刘备称帝于成都，以诸葛亮为丞相。后辅佐后主刘禅，鞠躬尽瘁，死而后已。

②俭以养德：谓有所节制以修养德性。

③澹泊：恬淡寡欲。

④宁静：谓清静寡欲，不慕荣利。致远：实现远大的目标。

⑤慆（tāo 滔）慢：怠慢；怠惰。励精：振奋精神，致力于某种事业或工作。

⑥险躁：轻薄浮躁。治性：修心养性。

⑦年与时驰：谓年纪随时间的流逝渐长。

⑧意与日去：谓意志随时间而消磨。

⑨枯落：喻人年老衰残。

⑩接世：谓为社会所接纳。

诫外生书①

诸葛亮

夫志当存高远,慕先贤,绝情欲,弃疑滞②,使庶几之志③,揭然有所存④,恻然有所感⑤。忍屈伸⑥,去细碎⑦,广咨问⑧,除嫌吝⑨,虽有淹留⑩,何损于美趣?何患于不济⑪?若志不强毅,意不慷慨⑫,徒碌碌滞于俗⑬,默默束于情,永窜伏于凡庸⑭,不免于下流矣。

【注释】

①选自《诸葛亮集·文集》卷一。外生:即外甥。

②疑滞:迟疑不决。

③庶几(jī基)之志:谓向往贤才的志向。语本《易·系辞下》。

④揭然:显露貌。

⑤恻然:悲伤貌。

⑥屈伸:进退。

⑦细碎:谓琐碎杂事。

⑧咨问:咨询;请教。

⑨嫌吝:猜疑悔恨。

⑩淹留:谓屈居下位。

⑪不济：不成功。

⑫慷慨：情绪激昂。

⑬碌碌：平庸无能貌。

⑭窜伏：逃匿；隐藏。凡庸：平庸。

与子俨等疏①

陶渊明

告俨、俟、份、佚、佟②:

天地赋命③,生必有死。自古圣贤④,谁独能免?子夏有言曰⑤:"死生有命,富贵在天。"⑥四友之人⑦,亲受音旨⑧,发斯谈者,将非穷达不可妄求⑨,寿夭永无外请故耶⑩?吾年过五十,少而穷苦,每以家弊⑪,东西游走⑫,性刚才拙,与物多忤⑬。自量为己,必贻俗患⑭;俛俛辞世⑮,使汝等幼而饥寒。余尝感孺仲贤妻之言,败絮自拥,何惭儿子⑯。此既一事矣。但恨邻靡二仲⑰,室无莱妇⑱,抱兹苦心,良独内愧⑲。

少学琴书⑳,偶爱闲静㉑,开卷有得,便欣然忘食㉒。见树木交荫,时鸟变声㉓,亦复欢然有喜。常言:五六月中,北窗下卧,遇凉风暂至㉔,自谓是羲皇上人㉕。意浅识罕㉖,谓斯可保㉗。日月遂往,机巧好疏㉘。缅求在昔㉙,眇然如何㉚。疾患以来,渐就衰损㉛,亲旧不遗㉜,每以药石见救㉝,自恐大分将有限也㉞。恨汝辈稚小家贫,每役柴水之劳㉟,何时可免!念之在心,若何可言㊱!

然汝等虽不同生㊲,当思四海皆兄弟之义㊳。鲍叔、管仲,分财无猜㊴;归生、伍举,班荆道旧㊵。遂能以败为成㊶，因丧立功㊷。他人尚尔㊸，况同父之人哉！颍川韩元长，汉末名士，身处卿佐，八十而终，兄弟同居，至于没齿㊹。济北氾稚春，晋时操行人也，七世同财，家人无怨色㊺。《诗》曰："高山仰止，景行行止。"㊻虽不能尔㊼，至心尚之㊽。汝其慎哉！吾复何言㊾。

【注释】

①选自晋陶渊明《陶渊明集》卷七。陶渊明（365或372或376—427），一名潜，字元亮，晋浔阳柴桑（今江西九江）人，大司马陶侃曾孙。历官州祭酒、镇军、建威参军、彭泽令，以"不能为五斗米折腰"弃官归里，以诗酒自娱。其文学成就以诗歌为最，散文、辞赋也有特色，卒后，友人私谥靖节。著有《陶渊明集》，《晋书》卷九四、《宋书》卷九三、《南史》卷七五皆入《隐逸传》。疏（shù树），书信。《与子俨等疏》是陶渊明写给他五个儿子的信，类似于"遗书"性质。

②俨、俟、份、佚、佟：陶渊明五个儿子陶俨、陶俟、陶份（bīn彬）、陶佚、陶佟，即陶渊明《责子》诗中小名舒、宣、雍、端、通五人。

③赋命：谓给人以生命。

④圣贤：泛称道德才智杰出者。

⑤子夏：即卜商（前507—?），字子夏，春秋卫人，孔子弟子，擅长文学。事见《史记》卷六七《仲尼弟子列

传》。

⑥"死生有命"二句：意谓人的生死与富贵皆由天定，属于儒家命定论思想。语出《论语·颜渊》："子夏曰：'商闻之矣，死生有命，富贵在天。'"

⑦四友：据《孔丛子》记载，孔子四个学生颜渊、子贡、子张、子路为孔子四友，子夏为他们的同辈。

⑧亲受音旨：谓皆受到孔子的言辞旨意的教诲。

⑨将非：岂非。穷达：困顿与显达。妄求：非分的追求。

⑩寿夭：长命与夭折。外请：谓在自身宿命以外的求索。

⑪家弊：家境贫寒。

⑫游走：奔波融合。

⑬与物多忤（wǔ 午）：谓触犯自身以外的事物，即与社会人事不相融合。

⑭"自量为己"二句：意谓自我估量这一为自己考虑的辞官行为，必然带来世俗的生计之累。俗患，谓世俗事务的牵累。

⑮俛俛（mǐn miǎn 敏勉）：这里是勉强的意思。辞世：避世，隐居。

⑯"余尝感孺仲贤妻之言"三句：据《后汉书》卷八四《列女传》，东汉太原王霸，字孺仲，他与同郡令狐子伯为友。汉光武帝连征王霸做官，王霸隐居不仕。令狐子

伯为楚相，其子为郡功曹。有一次子伯令其子带书信给王霸，王霸见令狐子服饰光鲜，自己的儿子耕田回来，举止局促，惭愧中卧床不起。王霸妻再三问故，王霸回答："吾与子伯素不相若，向见其子容服甚光，举措有适，而我儿曹蓬发历齿，未知礼则，见客而有惭色。父子恩深，不觉自失耳。"其妻说："君少修清节，不顾荣禄。今子伯之贵孰与君之高？奈何忘宿志而惭儿女子乎！"于是王霸起身而笑，与妻儿终身隐遁不出。败絮，破旧的棉絮，此就王霸"客去而久卧不起"而言。

⑰靡：没有。二仲：指汉羊仲、裘仲二人。《初学记》卷一八引汉赵岐《三辅决录》："蒋诩，字符卿，舍中三径，唯羊仲、裘仲从之游。二仲皆推廉逃名。"后世即用以泛指廉洁隐退之士。

⑱莱妇：即莱妻，春秋楚老莱子之妻，历来为贤妇的代称。

⑲良：甚，很。

⑳琴书：琴和书籍，多为文人雅士清高生涯常伴之物。陶渊明《归去来辞》："悦亲戚之情话，乐琴书以消忧。"

㉑偶：恰巧。闲静：安闲宁静。陶渊明《五柳先生传》："闲静少言，不慕荣利。"

㉒"开卷有得"二句：陶渊明《五柳先生传》："好读书，不求甚解。每有会意，欣然忘食。"

㉓时鸟：应时而鸣的鸟。

㉔暂：突然。

㉕羲皇上人：羲皇谓伏羲氏，古人想象中的羲皇之世，其民皆恬静闲适，故隐逸之士自称"羲皇上人"。

㉖意浅识罕：谓以上"常言"四句想法单纯，识见无多。这里是自谦的说法。

㉗斯言可保：意谓"常言"四句所记述的生活可以维持下去。

㉘机巧：谓诡诈之心。好疏：很生疏。

㉙缅求：远求。

㉚眇然：高远貌。

㉛衰损：谓身体衰弱亏虚。

㉜亲旧：犹亲故，谓亲戚故旧。不遗：谓不遗弃，不舍弃。

㉝药石：药剂和砭石，这里泛指药物。

㉞大分（fèn奋）：大限；寿数。

㉟役：谓被驱使。柴水：打柴汲水。

㊱若何可言：意谓还有什么话可说呢。若何，怎样，怎么样。

㊲不同生：谓非一个母亲所生。陶渊明三十岁，原配去世，长子陶俨为其所生；其余四子全为续弦翟氏所生，其中陶份、陶佚为孪生。

㊳四海皆兄弟：语本《论语·颜渊》。

175

㉟"鲍叔管仲"二句：据《史记》卷六二《管晏列传》："管仲曰：'吾始困时，尝与鲍叔贾，分财利多自与，鲍叔不以我为贪，知我贫也。'"鲍叔，即鲍叔牙，春秋齐人。他与管仲为莫逆之交，将管仲推荐给齐桓公，管仲辅佐桓公建成霸业。管仲，名夷吾（？—前645），字仲，春秋齐人，辅佐齐桓公九合诸侯，一匡天下。无猜，没有猜疑。

㊵"归生、伍举"二句：据《左传·襄公二十六年》，楚国伍举与公孙归生（又名声子）两人交好，伍举因受其岳父事牵连不得不出逃，准备通过郑国到晋国做官。归生作为楚使去晋国，在郑国的郊外遇到伍举，两人将荆草铺在地上，坐下一同吃饭，重温旧好，归生答应伍举一定帮助他回国。归生返楚后，向令尹子木巧妙列举陈说楚材晋用的危害，终于令楚王下令增加伍举的官禄爵位，请他从郑国回到了楚国。班荆，布列荆草于地。

㊶以败为成：承上文鲍叔与管仲交友事。管仲原辅佐公子纠对抗公子小白（即后来的齐桓公）以争夺齐国王位，公子纠失败被杀，管仲因鲍叔推荐，又辅佐齐桓公，终成霸业。

㊷因丧立功：承上文归生与伍举交友事。伍举不得已逃亡至郑，在归生帮助下返回楚国，后于鲁昭公元年（前541）帮助公子围（楚灵王）继承王位，是楚灵王的功臣。事见《左传·昭公元年》。丧，逃亡，流亡。

㊸他人尚尔：意谓别人尚且如此。

㊹"颍川韩元长"六句：意谓东汉末韩融以名士被征辟为高官，至八十岁去世前，兄弟一直在一起生活。按，韩融兄弟同居事未见他书记述。颍川，汉郡名，治所阳翟（今河南禹州市）。卿佐，指辅佐国君的执政大臣，这里即指太仆，汉代为九卿之一。没齿，指老年。

㊺"济北氾（fàn 范）稚春"四句：意谓氾毓是有操守的人，其家已传七代没有分居。据《晋书》卷九一《儒林传》："氾毓，字稚春，济北卢人也。奕世儒素，敦睦九族，客居青州，逮毓七世，时人号其家'儿无常父，衣无常主'。毓少履高操，安贫有志业……年七十一卒。"操行人，谓有品行、操守者。

㊻"诗曰"三句：语出《诗·小雅·车舝》，大意是：山高人就仰望，大路就有人行。这里引用《诗经》，意欲其五子向上述数人学习。

㊼尔：如此，这样。

㊽至心尚之：意谓诚心诚意地尊崇上述有德者。至心，最诚挚之心。尚，尊崇。

㊾吾复何言：意即我没有什么可说的人。属于一番告诫后的结束语。

诲侄等书①

元稹

告仑等：吾谪窜方始②，见汝未期③，粗以所怀贻诲于汝④。汝等心志未立⑤，冠岁行登⑥，古人讥十九童心⑦，能不自惧⑧。吾不能远谕他人⑨，汝独不见吾兄之奉家法乎⑩？吾家世俭贫⑪，先人遗训常恐置产怠子孙⑫，故家无樵苏之地⑬，尔所详也。吾窃见吾兄自二十年来⑭，以下士之禄⑮，持窘绝之家⑯，其间半是乞丐羁游⑰，以相给足。然而吾生三十二年矣，知衣食之所自，始东都为御史时⑱。吾常自思，尚不省受吾兄正色之训⑲，而况于鞭笞诘责乎⑳。呜呼！吾所以幸而为兄者㉑，则汝所以得而为父矣。有父如此，尚不足为汝师乎？

吾尚有血诚㉒，将告于汝。吾幼乏岐嶷㉓，十岁知方㉔，严毅之训不闻㉕，师友之资尽废㉖。忆得初读书时，感慈旨言之叹㉗，遂志于学㉘。是时尚在凤翔㉙，每借书于齐仓曹家㉚，徒步执卷㉛，就陆姊夫师授㉜，栖栖勤勤其始也㉝。若此至年十五，得明经及第㉞，因捧先人旧书，于西窗下钻仰沉吟㉟，仅于不窥园井矣㊱。如是者十年，然后粗沾一命㊲，粗成一名㊳。及今思之，上不能及乌鸟之报复�39，下未能减亲戚之饥寒㊵，抱衅终身㊶，偷活今日。故李密云㊷：

"生愿为人兄，得奉养之日长。"㊸吾每念此言，无不雨涕㊹。

汝等又见吾自为御史来，效职无避祸之心㊺，临事有致命之志㊻，尚知之乎㊼？吾此意虽吾弟兄未忍及此，盖以往岁忝职谏官㊽，不忍小见妄干朝听㊾，谪弃河南㊿，泣血西归(51)，生死无告(52)。不幸馀命不殒(53)，重戴冠缨(54)，常誓效死君前(55)，扬名后代，殁有以谢先人于地下耳(56)。

呜呼！及其时而不思，既思之而不及(57)，尚何言哉(58)！今汝等父母天地(59)，兄弟成行(60)，不于此时佩服诗书(61)，以求荣达(62)，其为人耶，其曰人耶？吾又以吾兄所职易涉悔尤(63)，汝等出入游从(64)，亦宜切慎(65)，吾诚不宜言及于此。

吾生长京城(66)，朋从不少(67)，然而未尝识倡优之门(68)，不曾于喧哗纵观(69)，汝信之乎？吾终鲜姊妹(70)，陆氏诸生(71)，念之倍汝(72)，小婢子等既抱吾殁身之恨(73)，未有吾克己之诚(74)，日夜思之，若忘生次(75)。汝因便录吾此书寄之，庶其自发(76)，千万努力，无弃斯须(77)。稹付仑、郑等。

【注释】

①选自唐元稹《元稹集》卷三O。元稹（779—831），字微之，别字威明，唐河南（今河南洛阳）人，贞元九年（793）明经擢第，后拜同平章事，旋罢相，擅长讽喻诗创作，与白居易共倡新乐府运动，世称"元白"。著有《元氏长庆集》一百卷。《旧唐书》卷一六六、《新唐书》卷一七四有传。元稹有同父异母兄长三人，依序即元沂、元

柜、元积,长兄元沂曾官汝阳尉,其他无考。元稹三兄之子可考者仅有其次兄元柜四子:易简、从简、行简、弘简。《诲侄等书》中所谓"侄"元仑、元郑或是其长兄元沂的儿子。

②谪(zhé 哲)窜:贬谪放逐。元稹于元和五年(810)因得罪宦官仇士良等,于三月间被贬官江陵府士曹参军,直至元和九年九月改任唐州从事。这封书函当写于元和五年间,元稹时年三十二岁。

③未期:无期,谓不知何日。

④粗:略微。所怀:怀抱;心中所想。语出《庄子·在宥》。贻诲:使受教诲。

⑤心志:意志;志气。

⑥冠(guàn 贯)岁:古代男子二十岁行冠礼,因称二十岁为冠岁。行登:将要到达。这里即指二十岁。

⑦十九童心:谓人十九岁犹不成熟,有孩子气。语本《左传·襄公三十一年》:"于是昭公十九年矣,犹有童心。"

⑧自惧:自己戒惧。

⑨远谕他人:谓远以他人为比喻。

⑩吾兄:谓元仑的父亲。家法:治家的礼法。

⑪俭贫:贫乏。元稹《告赠皇考皇妣文》:"始亡兄某得尉兴平,然后衣服饮食之具粗有准常,而犹卑薄俭贫,给不暇足。"

⑫置产：购置产业。怠子孙：谓令后代懈怠，懒惰。以上是家庭贫穷的委婉托词。

⑬樵苏之地：谓维持日常生计的田产。

⑭窃见：私下里观察。

⑮下士：比喻较低级的官员。禄：俸禄。

⑯窘绝：艰困；穷尽。

⑰乞丐：求乞。羁游：羁旅无定。

⑱东都：隋唐时指洛阳。御史：即监察御史，唐御史台属官，掌巡按州县，巡查馆驿、监仓、监军与出使等。元稹于元和四年（809）至五年二月在洛阳任监察御史。

⑲不省：谓未见过。正色之训：谓神色庄重、态度严肃的教训。

⑳鞭笞（chī吃）：鞭打；杖击。诘责：责问。

㉑为：有。

㉒血诚：犹赤诚，谓极其真诚的心意。

㉓岐嶷（nì逆）：形容幼年聪慧。

㉔知方：知礼法。语本《论语·先进》："可使有勇，且知方也。"

㉕严毅之训：谓父亲的训导。元稹的父亲元宽于贞元二年（786）病故，时元稹虚龄八岁。

㉖师友之资：谓老师和朋友的相助。

㉗慈旨：慈母的教诲。元稹的母亲郑氏贤良，在元稹父亲元宽去世后，担负起教育儿子的重任。白居易《唐河

南元府君夫人荥阳郑氏墓志铭并序》:"夫人为母时,府君既殁,积与穊方龆龀,家贫无师以授业,夫人亲执诗书,诲而不倦,四五年间二子皆以通经入仕。"

㉘志于学:专心求学。

㉙凤翔:即凤翔府(治今陕西凤翔)。

㉚齐仓曹家:谓居于齐仓的曹姓人家。齐仓,地名。

㉛徒步执卷:拿着书卷步行而去。

㉜陆姊夫:元稹的大姐(770—804)嫁与吴郡陆翰,翰历官监察御史。元稹父亲去世后,大姐夫一家对元稹等帮助很大。师授:谓拜师求教。

㉝栖栖(xī 西):忙碌不安貌。勤勤:勤苦,努力不倦。

㉞明经:隋唐科举考试科目之一,以经义、策问取士。因录取人数较多,中唐以后为士人所轻视,而重视进士科。及第:科举应试中选,因榜上题名有甲乙次第,故名。

㉟钻仰:深入研求。语本《论语·子罕》:"仰之弥高,钻之弥坚。"沉吟:深思。

㊱仅(jìn 禁):几乎,接近。不窥园井:形容专于治学,无暇观赏园景。典出《汉书·董仲舒传》:"(仲舒)下帷讲诵,弟子传以久次相授业,或莫见其面。盖三年不窥园,其精如此。"

㊲粗沾一命:谓任一低级官职。元稹于贞元十九年

(803）登吏部乙科第，授秘书省校书郎。距元稹明经登第正好十年。一命，周时官阶从一命到九命，一命为最低的官阶。这里指代校书郎的官职。

㊳粗成一名：谓小有名气。

㊴乌鸟之报复：谓报答父母的养育之恩。古称乌鸟（乌鸦）反哺，因以之喻孝亲之人子。报复，酬报，报答。

㊵亲戚：与自己有血缘或婚姻关系的人。

㊶抱衅：负罪。

㊷李密：字令伯（224—287），一名虔，犍为武阳（今四川省眉山市彭山市）人。初仕蜀汉，后仕西晋。作为西晋文学家，其《陈情表》流传后世，被传颂为孝道的典范。

㊸“生愿为人兄”二句：今李密传记及文章中未见。二句典出《三国志》卷四十五《蜀书·杨戏传》裴松之注引《华阳国志》：“吴主与群臣泛论道义，谓宁为人弟，密曰：‘愿为人兄矣。’吴主曰：‘何以为兄？’密曰：‘为兄供养之日长。’吴主及群臣皆称善。”

㊹雨（yù 玉）涕：落泪。

㊺效职：尽职。

㊻临事：特指治理政事。致命：犹捐躯。

㊼尚：副词，庶几，犹言也许可以，带有祈使语气。

㊽往岁：当指元和元年（806）四月至九月间居官左拾遗的一段时间。忝职：愧居其职，属于自谦的说法。左

拾遗为门下省属官，秩从八品上，掌供奉讽谏，属于谏官。

㊾不忍：不忍耐；不忍受。小见：小见识；浅见。属于自谦的说法。干：干涉；干预。朝听：指朝廷或帝王的听闻。

㊿谪弃河南：元稹于元和元年（806）九月间因得罪宰相杜佑，被贬官河南县尉。谪弃，犹谪置。

�泣血西归：元稹的母亲郑氏于元和元年九月十六日在长安靖安里私第去世，得年六十岁。时正值元稹贬官河南县尉，故解官西归至长安奔丧。泣血，无声痛哭，泪如血涌。一说，泪尽血出。这里形容因母亲去世而内心极度悲伤。

㊷生死无告：意谓自己仕宦与亲情连遭打击，一己孤苦之情怀无处投诉。

㊸馀命不殒（yǔn 允）：意谓自己性命未尽。殒，死亡。

㊹重戴冠缨：元和四年（809）二月，元稹丁母忧服阕，起官监察御史。冠缨，指仕宦。

㊺效死君前：谓舍命报效君主。

㊻谢：告慰。先人：祖先。

㊼"及其时"二句：意谓身处事中来不及思考，事过后再回思已无法补救。

㊽尚何言哉：还有什么话可说呢。

㊾父母天地：意谓父母皆健在。天地，当谓天覆地

载，这里意谓家庭健全。

(60)成行：排成行列。

(61)佩服：铭记；牢记。诗书：泛指书籍。

(62)荣达：位高显达。

(63)悔尤：悔恨。

(64)出入游从：谓外出交友一类的社会活动。

(65)切慎：极其谨慎。

(66)京城：唐代以长安（今陕西西安市）为都城。元稹出生、成长于长安。

(67)朋从：朋友一辈。

(68)“未尝识”句：作者此处有假言欺世之嫌，钱锺书《谈艺录》四八“文如其人”《补订二》业已指出：“元微之《诲侄等书》云：‘吾生长京城，朋从不少。然而未尝识倡优之门，不曾于喧哗纵观，汝知之乎。’严词正气，一若真可以身作则者。而《长庆集》中，如《元和五年罚俸西归至陕府思怆曩游五十韵》《寄吴士矩五十韵》《酬翰林白学士代书一百韵》《答胡灵之见寄五十韵》诸作，皆追忆少年酗酒狎妓，其言津津，其事凿凿，《会真》一记，姑勿必如王性之之深文附益可也。”倡优，娼妓及优伶的合称。倡，指乐人；优，指伎人。古本有别，后常并称。

(69)喧哗：谓声音大而杂乱的场所，这里特指倡优聚集之地。纵观：恣意观看游赏。

(70)鲜（xiǎn 显）：少。元稹有两位姐姐，大姐见前注

㉜。二姐（771—806?）出家为尼，道号真一。

㉛陆氏诸生：谓大姐与陆翰的子女。生，通"甥"，即外甥。

㉒念之倍汝：谓自己对外甥们的牵挂更超过对你们的思念（因为外甥们已失去母亲）。

㉓小婢子等：这里似当指其大姐去世后所遗留下的子女。小婢子，一般谦称自己的小女孩，这里当以大姐之长女作为诸外甥的代表。殁身之恨：谓终生之恨，这里当即指元稹大姐即诸外甥母亲的早逝。元稹大姐已于此封书函撰写之前六年去世。

㉔克己之诚：谓克制一己之私情的心念。

㉕生次：生命的存在。这里即形容其外甥丧母后的悲伤。

㉖庶其自发：意谓也许能令外甥等自行奋发。

㉗无弃斯须：意谓不要有须臾片刻的懈怠心理。

寄内子（论教子）①

纪昀

父母同负教育子女责任②。今我寄旅京华③，义方之教④，责在尔躬⑤。而妇女心性⑥，偏爱者多。殊不知爱之不以其道，反足以害之焉。其道维何？约言之有四戒、四宜⑦：一戒晏起⑧，二戒懒惰，三戒奢华，四戒骄傲。既守四戒，又须规以四宜：宜勤读，二宜敬师，三宜爱众⑨，四宜慎食⑩。

以上八则，为教子之金科玉律⑪，尔宜铭诸肺腑⑫，时时以之教诲三子，虽仅十六字，浑括无穷⑬。尔宜细细领会，后辈之成功立业，尽在其中焉。书不一一⑭，容后续告。

【注释】

①选自襟霞阁主编的《清十大名人家书》。纪昀（1724—1805），字晓岚，一字春帆，晚号石云，道号观弈道人，直隶献县（今属河北沧州市）人。乾隆十九年（1754）二甲第四名进士，历官编修、内阁学士、礼部尚书、协办大学士，卒谥文达。学问渊博，有通儒之誉，曾任《四库全书》总纂官，另著有《阅微草堂笔记》《纪文

达公文集》等。《清史稿》卷三二〇有传。内子，自己的妻子。

②"父母"句：此一句不似清中叶文人口吻，当是编者襟霞阁主原所拟标题于排印时因错简而阑入者。

③京华：京城之美称，这里即指京师（今北京市）。

④义方：行事应该遵守的规范和道理。

⑤尔躬：你自身。

⑥心性：性情；性格。

⑦约言之：谓简要言之。

⑧晏起：因贪睡而迟起。

⑨爱众：谓博爱大众。

⑩慎食：约束口腹之欲。

⑪金科玉律：谓不可变更的法令或规则，此处比喻不可变更的信条。

⑫铭诸肺腑：牢记在心中。

⑬浑括无穷：谓无限概括。

⑭书不一一：书信中不详细说。旧时书信结尾常用语。